아이의 두뇌는 식탁에서 완성된다

우리 아이 두뇌를 키우는
브레인 푸드 레시피

"아이의 뇌는 매일의 밥상에서 자랍니다"

아이의 두뇌는 태어난 순간부터 놀라운 속도로 자랍니다. 처음 세상을 만나는 그 순간부터 아이의 뇌는 쉼 없이 새로운 연결을 만들고, 매 순간 부모와의 경험, 환경의 자극, 그리고 식탁 위의 음식 하나하나가 아이의 성장에 깊은 흔적을 남깁니다. 특히 학령기인 만 6세에서 12세까지는 신경 가소성이 활발하게 작동하는 시기로, 뇌과학 관점에서 감정·언어·기억력·집중력·사회성이 동시에 꽃피우는 중요한 시기입니다.

이 시기 아이가 마주하는 모든 경험은 단순한 하루의 기억으로 머물지 않습니다. 작은 놀이 하나, 따뜻한 포옹 한 번, 그리고 매일의 식탁 위에 오르는 음식이 곧 시냅스 연결을 강화하고 뇌의 회로를 단단히 엮어줍니다. 그래서 부모의 작은 선택 하나가 아이의 평생 학습 능력, 정서 안정, 사회적 관계 형성에까지 영향을 미칩니다.

그러나 현대의 육아 환경은 점점 더 복잡해지고 있습니다. 아이가 먹는 음식 속에는 우리가 쉽게 알지 못하는 수많은 요소가 들어 있습니다. 화려한 포장 속 가공식품, 무심코 먹이는 간식 속의 인공첨가물, 보이지 않게 스며드는 환경 호르몬과 미세 플라스틱까지. 어른에게도 위협이 될 수 있는 이 요소들은 아직 연약하고 발달 중인 아이의 뇌에는 더욱 직접적이고 치명적인 영향을 줄 수 있습니다. 부모로서 우리는 아이에게 좋은 환경을 만들어주고 싶지만, 때로는 그 복잡한 정보 속에서 길을 잃고 막막함을 느낍니다.

저 역시 같은 고민을 해왔습니다. 저는 서울대학교에서 뇌과학을 전공하며 연구를 이어왔습니다. 연구실에서 수많은 논문과 데이터를 접하면서도 한 아이의 엄마로서 매일 마주하는 주방에서는 늘 같은 질문을 품곤 했습니다.

"무엇을 먹여야 우리 아이의 뇌가 더 건강하게 자랄 수 있을까?"
"지금 이 식탁이 아이의 집중력과 감정에 어떤 영향을 줄 수 있을까?"

과학은 분명한 답을 가지고 있었습니다. 철분이 부족하면 아이의 집중력이 떨어지고 쉽게 피로해집니다. 오메가-3 지방산은 기억력과 학습 능력을 돕고, 항산화 성분은 뇌세포를 손상으로부터 지켜줍니다. 단백질은 신경세포 성장의 기본이 되며, 균형 잡힌 탄수화물은 하루의 에너지를 안정적으로 공급합니다.

학문은 분명히 말합니다. 음식은 단순한 에너지원이 아니라 아이의 뇌를 만드는 중요한 핵심 요소라는 사실을요. 그럼에도 불구하고 부모의 자리에서 보면 과학은 종종 너무 멀리 있습니다. '좋다더라'는 말들은 넘쳐나지만, 정작 오늘 저녁 식탁에 바로 올릴 수 있는 방법은 부족합니다. 아이가 좋아할 수 있는 맛, 바쁜 일상속에서도 쉽게 해낼 수 있는 조리법, 그리고 무엇보다 부모의 마음까지 담아낼 수 있는 방식이 필요했습니다.

그래서 저는 이 책을 쓰게 되었습니다. 이 책은 단순한 요리책이 아닙니다. 아이의 두뇌 발달을 돕는 식탁, 부모가 직접 실천할 수 있는 브레인 푸드 가이드입니다. '뇌 발달×음식'이라는 융합적 주제를 중심에 두고, 과학적 근거와 부모의 실천이 만날 수 있도록 구성했습니다. 여기에는 뇌 발달에 꼭 필요한 영양소와 그것이 담긴 식재료, 그리고 아이가 거부감 없이 맛있게 먹을 수 있는 간단한 레시피를 담았습니다.

특별한 재료나 복잡한 조리법은 필요하지 않습니다. 부엌에  늘 있는 재료와 따뜻한 손길이면 충분합니다. 밥 한 숟가락, 과일 한 조각이 아이의 집중력을 키우고, 정서를 안정시키며, 더 넓은 세상 속에서 자신감을 가지고 나아가도록 돕는 밑거름 이 될 수 있습니다. 이 책을 통해 부모는 매일의 식탁이 얼마나 큰 힘이 있는지를 새삼 깨닫게 될 것입니다.

저는 이 책이 부모들에게 두 가지 의미를 가지길 바랍니다.

첫째, 신뢰할 수 있는 과학적 안내서가 되기를 바랍니다. 넘쳐나는 정보 속에서 무 엇을 믿어야 할지 고민하는 부모들에게 불안을 줄이고 생각의 기준이 되는 관점을 제 시하고자 합니다.

둘째, 따뜻한 동반자가 되기를 바랍니다. 부모가 혼자가 아님을, 그리고 작은 실천 하나가 아이의 미래를 바꿀 수 있음을 보여주고 싶습니다.

아이의 두뇌는 오늘도 쉼 없이 새로운 길을 만들어갑니다. 오늘의 작은 선택이 내 일의 큰 변화를 만듭니다. 과학은 그 길을 밝혀 주고, 부모는 그 길을 함께 걸어갑니 다. 이 책이 부모님의 식탁 위에 놓여 아이의 두뇌가 건강하고 단단하게 자라나는 여 정에 작은 힘이 되기를 진심으로 바랍니다.

지은이 홍수경

Contents

Part 4

뇌 발달을 돕는 브레인 푸드 레시피

Part

1

뇌가 자라는 식탁

뇌 발달의 핵심은 시냅스, 즉 신경세포에 있습니다. 시냅스가 만들어지고 정교해지는 모든 과정에는 에너지와 재료가 필요합니다. 유아기에는 연결을 만들고, 학령기에는 그것을 안정적으로 유지하고 효율화하는데, 이때 영양 상태가 집중력과 감정 조절, 학습 지속력에 직접적인 영향을 미칩니다. 결국 아이의 뇌는 매일의 식탁에서 자랍니다.

아이의 뇌는 어떻게 자라는가

아이는 태어날 때 이미 수십억 개의 신경세포, 즉 뉴런을 가지고 태어납니다. 하지만 이 세포의 수가 많다고 해서 곧바로 똑똑해지는 것은 아닙니다. 뇌 발달에서 더 중요한 것은 이 신경세포들이 얼마나 많이 연결되느냐가 아니라, 어떤 연결이 남고 얼마나 효율적으로 작동하느냐입니다.

아이의 뇌는 생후 첫 2년 동안 '시냅스(synapse)'라고 불리는 연결을 폭발적으로 만들어냅니다. 시냅스란 신경세포와 신경세포 사이에서 정보를 주고받는 작은 통로로, 이 시기의 뇌는 마치 숲속의 나무들이 한꺼번에 가지를 무성하게 뻗어내는 모습과도 같습니다. 새로운 경험을 할 때마다 뇌 안에서는 전기 신호가 오가고, 그 과정에서 새로운 시냅스가 만들어집니다. 부모가 아이에게 말을 건네는 순간 아이가 손으로 장난감을 만져보는 경험, 주변에서 들려오는 다양한 소리 하나하나가 뇌 안에 작은 길을 새롭게 닦는 것과 같은 효과를 냅니다.

그러나 이렇게 처음 만들어진 모든 연결이 그대로 유지되는 것은 아닙니다. 뇌는 불필요하게 복잡해지는 것을 막기 위해 '시냅스 가지치기(pruning)'라는 과정을 거치게 됩니다. 자주 사용되지 않는 연결은 점차 약해지다가 사라지고, 반복적으로 사용되는 연결은 점점 더 굵고 단단해집니다. 아이가 매일 듣는 말이나 노래에 해당하는 신경 회로는 강화되지만, 거의 경험하지 못한 자극은 서서히 희미해지는 이유가 여기에 있습니다. 이러한 선택과 정리의 과정을 통해 뇌는 점차 더 효율적으로 작동하는 구조를 갖추게 됩니다.

이 과정을 비유하자면, 처음에는 숲속에 수많은 작은 길이 무질서하게 생기지만, 시간이 지나면서 사람들이 자주 다니는 길만 넓어지고 정리되는 것과 같습니다. 결국 남는 것은 아이에게 실제로 자주 경험되고 반복된 길입니다. 그래서 부모가 일상에서 아이와 얼마나 자주 상호 작용하고, 어떤 경험을 제공하느냐가 뇌 발달에 중요한 영향을 미치게 됩니다.

하지만 여기서 한 가지 더 중요한 조건이 있습니다. 뇌는 경험만으로 자라지 않습니다. 시냅스가 만들어지고 강화되는 모든 과정에는 에너지와 재료가 필요하며, 그 재료는 아이가 매일 섭취하는 음식에서 공급됩니다. 경험이 뇌의 길을 만든다면, 영양은 그 길이 실제로 유지되고 단단해지도록 돕는 기반입니다. 충분한 영양이 뒷받침되지 않으면 만들어진 연결도 안정적으로 자리 잡기 어렵습니다.

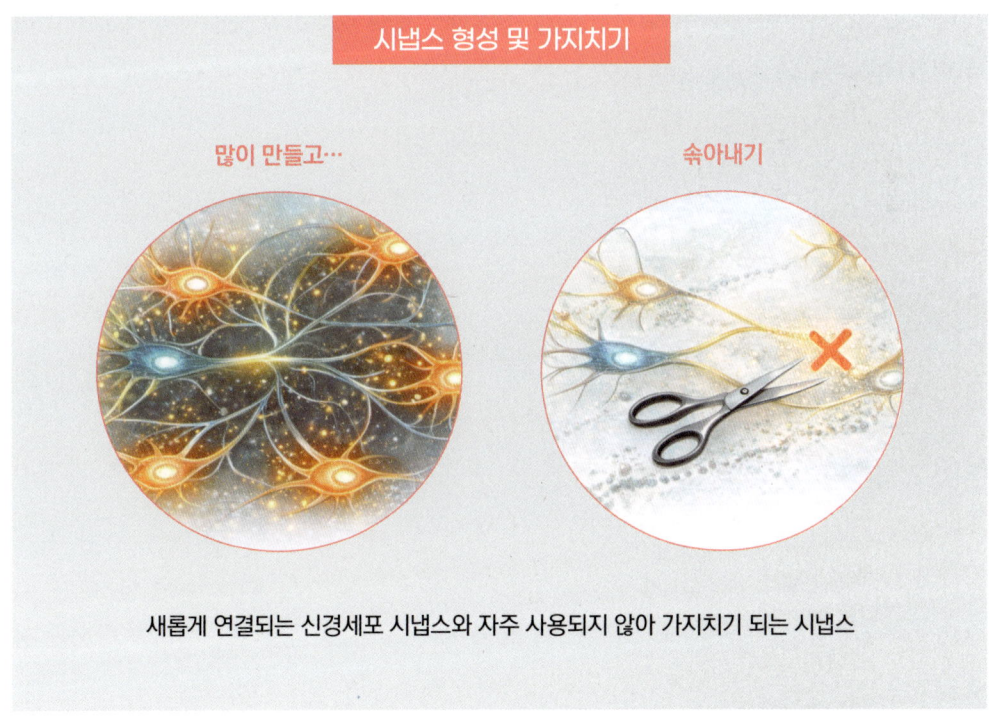

새롭게 연결되는 신경세포 시냅스와 자주 사용되지 않아 가지치기 되는 시냅스

이렇게 유아기에 형성되고 정리된 신경망은 학령기에 접어들어서도 계속 다듬어집니다. 학령기 아이의 뇌는 이미 만들어진 연결을 바탕으로 더 빠르고 정확하게 작동하도록 효율화되는 단계에 들어섭니다. 이 과정은 아이의 기억력과 학습 능력뿐 아니라 집중력, 감정 조절, 사회성의 토대가 됩니다. 뇌 발달은 단순히 '뇌가 커지는 시기'가 아니라, 필요한 연결을 선택하고 유지하는 과정이라는 점에서 이 시기의 생활 습관과 식탁의 역할은 여전히 중요합니다.

부모의 입장에서 뇌 발달 이야기는 어렵게 느껴질 수 있습니다. 하지만 이렇게 생각해 보면 이해가 한결 쉬워집니다. 아이의 뇌는 처음에는 길이 너무 많은 미로와 같고, 시간이 지나면서 자주 쓰는 길만 남게 됩니다. 놀이와 대화는 그 길을 만들어주고, 매일의 식사는 그 길이 무너지지 않도록 단단히 다져주는 역할을 합니다. 균형 잡힌 식사를 한 아이는 집중에 필요한 뇌 회로가 탄탄하게 자리 잡지만, 단순당이나 가공식품 위주의 식사가 반복되면 혈당과 기분이 흔들리며 집중 회로가 안정되기 어렵습니다. 결국 부모가 매일 차려주는 밥상은 아이의 뇌 지도 위에 어떤 길을 선명하게 남길 것인지를 결정하는 선택이라 할 수 있습니다.

아이 뇌 발달의 시기별 특징

아이의 뇌는 태어난 순간 완성되는 기관이 아니라 성장 과정 전반에 걸쳐 끊임없이 변화하고 다듬어지는 기관입니다. 시기에 따라 뇌가 집중하는 과제는 달라지며, 어떤 시기에는 연결을 넓게 만들고 또 어떤 시기에는 그 연결을 정리해 실제 기능으로 구현하는 데 초점이 맞춰집니다. 이러한 흐름을 이해하는 것은 아이의 발달을 단편적으로 보지 않고 지금 아이의 뇌가 무엇을 필요로 하는지 파악하는 데 중요한 배경 지식이 됩니다.

특히 학령기를 전후한 시기는 뇌 발달의 방향이 눈에 띄게 달라지는 전환점에 해당합니다. 이 시기에는 뇌의 구조 자체보다 이미 만들어진 구조가 얼마나 안정적으로 작동하는가가 아이의 학습과 행동으로 직접 드러나기 시작합니다. 따라서 뇌 발달의 시기별 특징을 살펴보는 일은 학령기 아이에게 왜 환경과 영양이 중요한지를 이해하는 출발점이 됩니다.

학령기 이전 : 뇌의 토대가 마련되는 시기

학령기 이전의 아이는 뇌의 기본적인 구조와 연결망이 만들어지는 시기에 해당합니다. 이 시기에는 신경세포 사이의 연결이 빠르게 늘어나며, 언어·감각·운동과 관련된 기본 회로들이 형성됩니다. 아이가 경험하는 모든 자극은 뇌 속 연결의 재료가 되어 이후 발달의 토대를 이룹니다.

이 과정에서 뇌는 불필요하게 복잡해지지 않도록 연결을 정리하며, 자주 사용되는 회로를 중심으로 작동할 준비를 합니다. 즉, 학령기 이전은 뇌가 '쓸 수 있는 구조'를 만들어 놓는 시기라고 할 수 있습니다. 이 시기의 영양은 뇌가 이러한 구조를 형성하고 유지하기 위한 기본적인 재료와 에너지를 공급하는 역할을 합니다.

학령기 : 뇌 기능이 실제로 쓰이며 차이가 나타나는 시기

학령기에 접어든 아이의 뇌는 이미 기본적인 구조를 갖추고 있지만, 뇌 발달이 끝났다고 보기는 어렵습니다. 오히려 이 시기는 만들어진 연결을 바탕으로 집중력, 학습 능력, 감정 조절과 같은 고차 기능이 실제로 작동하는 단계입니다. 학교 생활을 시작하면서 아이는 장시간 앉아 집중하고, 규칙을 따르며, 또래 관계 속에서 자신의 감정을 조절하는 경험을 반복하게 됩니다.

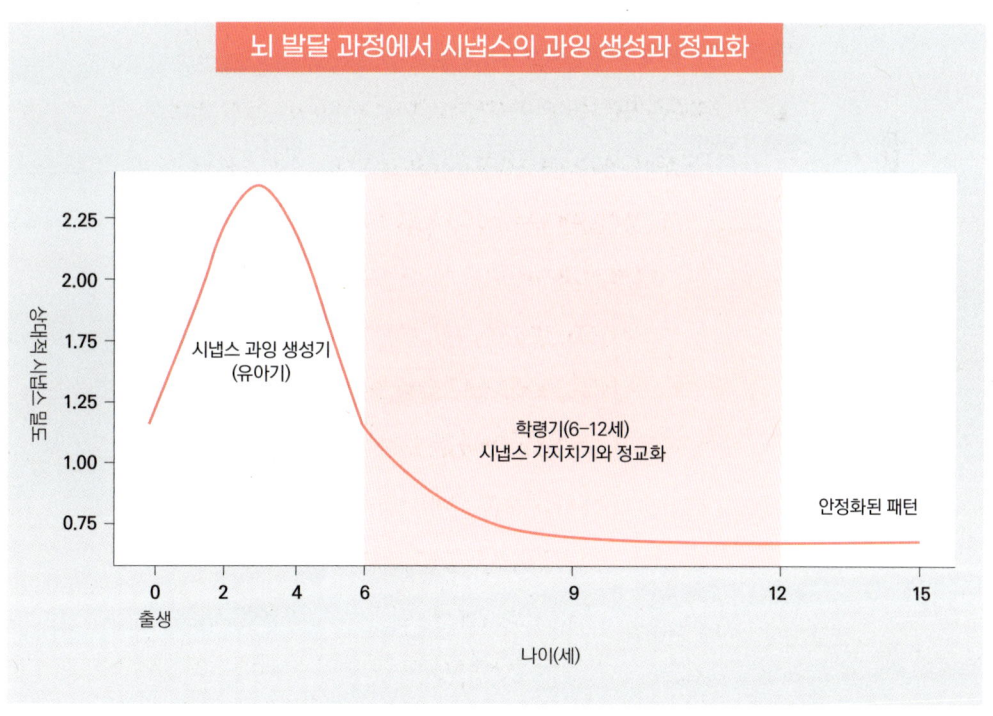

뇌 발달 과정에서 시냅스의 과잉 생성과 정교화

이러한 과정에서 뇌는 하루에도 수많은 정보를 처리하며 많은 에너지를 소모합니다. 학령기 뇌의 특징은 새로운 연결을 만드는 데 있기보다 기존 연결을 유지하고 빠르게 작동시키는 데 많은 자원이 필요하다는 점입니다. 그래서 이 시기의 뇌는 이전보다 훨씬 영양 상태에 민감하게 반응합니다.

집중력이 쉽게 흐트러지거나, 학습 후 피로가 심해지거나, 감정 기복이 잦아지는 모습은 단순한 성향의 문제가 아니라 뇌가 제 기능을 유지하는 데 필요한 조건이 충분히 갖춰지지 않았다는 신호일 수 있습니다. 학령기 아이에게 철분, 단백질, 오메가-3 지방산과 같은 영양소가 중요한 이유도 여기에 있습니다. 이러한 영양소는 뇌 회로가 안정적으로 작동하고, 신경 신호가 원활하게 전달되며, 학습과 감정 조절이 지속될 수 있도록 뒷받침합니다.

학령기는 뇌 발달이 끝난 시기가 아니라 뇌 기능의 완성도가 눈에 띄게 드러나고 차이가 벌어지기 시작하는 시기입니다. 같은 환경에서 생활하더라도 어떤 아이는 쉽게 지치고

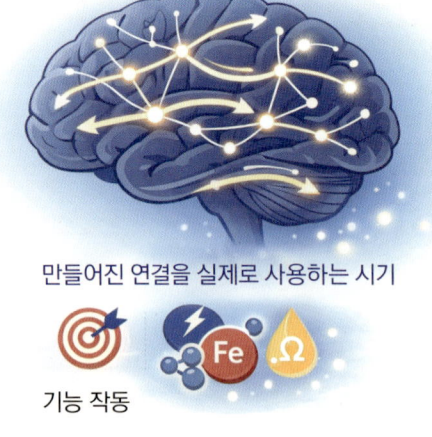

학령기 이전과 학령기 동안의 뇌 발달 변화

학령기 이전

학령기

뇌의 구조와 연결이 만들어지는 시기

만들어진 연결을 실제로 사용하는 시기

연결 형성 | 구조 만들기

기능 작동

어떤 아이는 회복이 빠른 이유, 같은 공부를 해도 집중의 질이 다른 이유는 이 시기의 뇌가 얼마나 원활하게 작동하느냐와 깊은 관련이 있습니다.

따라서 학령기 아이의 뇌를 이해한다는 것은, 단순히 발달 단계를 아는 데 그치지 않고 뇌가 매일 제 기능을 발휘할 수 있도록 어떤 조건을 마련해주어야 하는지를 고민하는 일입니다. 그 조건 가운데 가장 기본이 되는 것이 바로 아이의 식탁에서 시작되는 영양 공급입니다.

시냅스 변화, 정교해지는 뇌 기능

학령기에 접어든 아이의 뇌에서는 더 이상 새로운 뇌세포가 폭발적으로 늘어나지 않습니다. 대신 이 시기의 뇌는 이미 만들어진 수많은 신경 회로 가운데 어떤 연결을 유지하고 어떤 연결을 정리할 것인지 선택하는 중요한 과정을 수행하게 됩니다. 이러한 과정을 '시냅스 효율화'라고 부릅니다.

시냅스 효율화 이전과 이후의 뇌 연결 구조

효율화 이전　　　　　　　　　　　　　**효율화 이후**

복잡한 연결 신호가 분산　　　　　선택적 연결 신호가 빠르게 전달 아이의 뇌에는 어린 시절 형성된 방대한 시냅스 연결이 남아 있습니다. 그러나 이 모든 연결이 평생 유지되는 것은 아닙니다. 학령기 동안 자주 사용되지 않는 연결은 점차 약해지며 제거되고, 반복적으로 사용되는 연결은 더욱 빠르고 강력하게 강화됩니다. 이는 뇌가 '더 많이 연결된 상태'를 목표로 하는 것이 아니라 '더 효율적으로 연결된 상태'를 향해 재편성되고 있음을 의미합니다.

이 시기의 뇌 기능 정교화는 학습 능력과 밀접하게 연결되어 있습니다. 집중 시간이 길어지는 아이는 뇌가 특별히 뛰어나기 때문이 아니라 불필요한 신호를 줄이고 필요한 정보만 빠르게 처리하는 신경 회로가 잘 정리되어 있기 때문입니다. 반대로 같은 실수를 반복하거나 산만한 행동이 두드러지는 경우, 이는 의지의 문제라기보다 아직 신경 회로의 효율화가 충분히 이루어지지 않았다는 신호일 수 있습니다.

특히 읽기, 쓰기, 계산, 문제 해결과 같은 학습 기능은 하나의 뇌 영역만으로 이루어지지 않으며, 여러 뇌 영역 간의 정교한 협업을 통해 수행됩니다. 시냅스 효율화가 잘 이루어진 뇌는 정보 전달 속도가 빠르고 정확할 뿐 아니라 에너지 소모 또한 적습니다. 이는 곧 같은 학습을 하더라도 덜 피로하고 더 오랜 시간 집중할 수 있는 뇌 상태로 이어집니다.

이러한 과정에서 음식은 매우 중요한 역할을 합니다. 시냅스는 단순한 연결선이 아니라 신경전달물질의 생성, 세포막의 구조, 그리고 에너지 대사가 정교하게 맞물려 작동하는 복합적인 구조이기 때문입니다. 예를 들면, 철분과 아연은 신경 전달 과정의 정확성을 높이는 데 기여하며, 오메가-3 지방산은 시냅스 막의 유연성을 유지하여 신호 전달이 원활하게 이루어지도록 돕습니다. 또한 충분한 단백질 섭취는 도파민과 세로토닌과 같은 신경전달물질의 중요한 재료가 됩니다. 이러한 영양 조건이 갖추어질 때, 뇌는 불필요한 연결을 정리하고 필요한 연결을 강화할 수 있습니다.

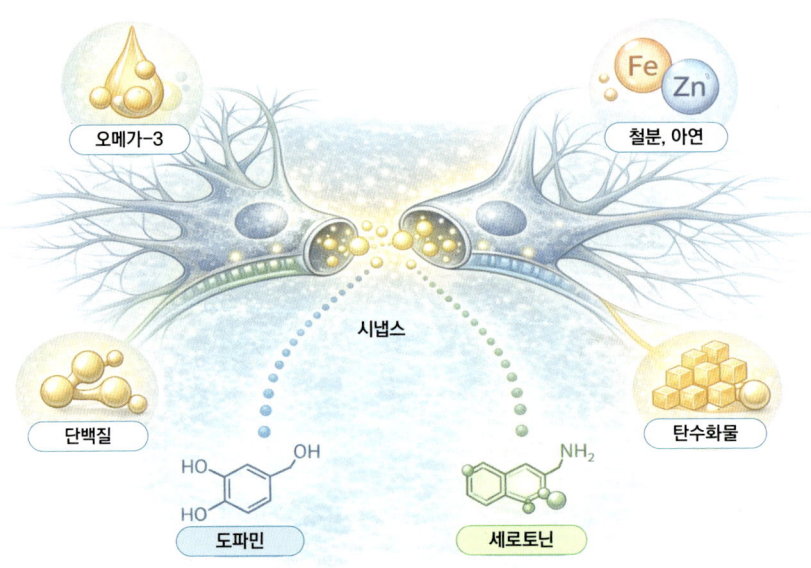

오메가-3

철분, 아연

단백질

탄수화물

시냅스

도파민

세로토닌

학령기 아이의 뇌는 아직 완성 단계에 이르지 않은 상태입니다. 전전두엽을 중심으로 한 고차 인지 기능은 계속해서 다듬어지고 있으며, 이 시기의 환경과 생활 습관, 그리고 식탁 위에서의 선택은 뇌 기능의 기본적인 작동 방식을 설정하게 됩니다. 시냅스 효율화가 잘 이루어진 뇌는 단순히 '똑똑한 뇌'를 넘어, 감정을 조절하고 집중을 유지하며 배운 내용을 자신의 것으로 만들어 활용할 수 있는 힘을 지닌 뇌라 할 수 있습니다.

학령기는 뇌가 나아갈 방향을 정하는 시기입니다. 이 시기의 식탁은 아이의 뇌가 어떤 방식으로 작동하게 될지를 조용히 결정합니다. 이런 의미에서 오늘의 한 끼는 단순한 에너지원이 아니라 아이의 뇌가 보다 정확하고 기능할 수 있도록 돕는 시냅스 정교화 작업의 일부입니다.

아이가 먹는 음식이 뇌를 구성한다

아이의 뇌는 한번 만들어지고 끝나는 기관이 아니라 매일 사용되며 끊임없이 변화하는 살아 있는 유기체입니다. 특히 학령기에 접어들면서 아이의 뇌는 새로운 구조를 만드는 단계에서 벗어나, 이미 형성된 구조를 잘 유지하고 효율적으로 작동시키는가가 중요해지는 시기로 들어섭니다. 이때 우리가 매일 식탁 위에 올리는 음식은 단순히 배를 채우는 연료가 아니라 아이의 뇌를 실제로 구성하고 유지하는 재료가 됩니다.

뇌세포를 감싸는 막, 신경전달물질, 시냅스를 둘러싸는 절연체, 전기 신호가 얼마나 빠르고 정확하게 전달되는지를 좌우하는 구조까지도 모두 음식 속 분자들이 모여 만들어집니다. 그래서 뇌과학자들은 아이가 먹는 음식이 곧 뇌의 구조와 기능을 직접적으로 빚어낸다고 설명합니다. 학령기 아이의 집중력, 감정 조절, 학습 지속력은 바로 이 '재료의 질' 위에서 결정됩니다.

뇌세포를 감싸는 막과 시냅스는 주로 인지질이라는 특별한 지방 분자로 이루어져 있습니다. 인지질은 물을 좋아하는 머리와 기름을 좋아하는 꼬리를 가진 독특한 구조 덕분에 세포막을 형성하고, 신경 신호가 매끄럽게 오갈 수 있는 환경을 만듭니다. 이러한 인지질을 충분히 만들기 위해서는 콜린과 오메가-3 지방산(DHA)을 비롯한 적절한 영양 공급이 필요합니다. 이들은 시냅스 막의 유연성을 유지하고, 신경 신호가 빠르고 정확하게 전달될 수 있도록 돕습니다.

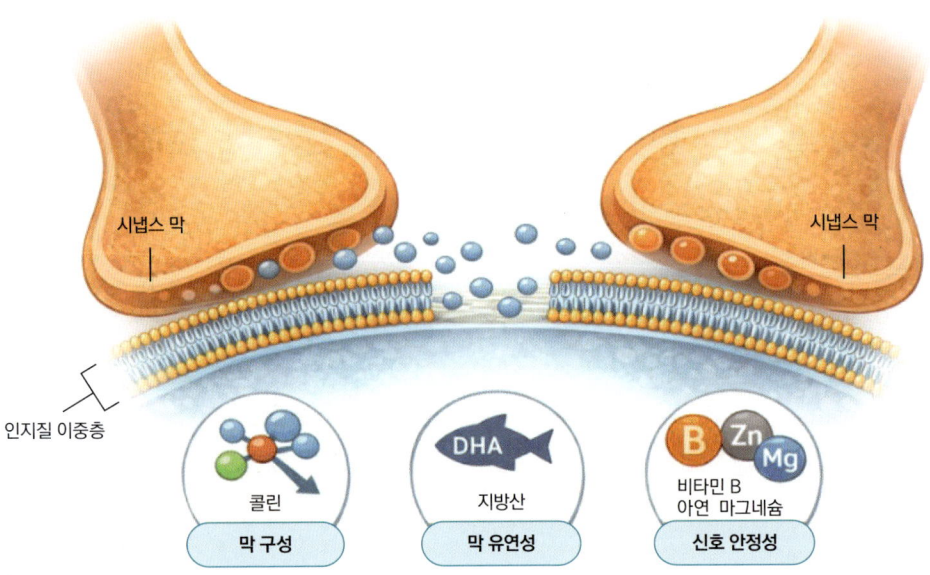

여기에 비타민 B군과 아연, 마그네슘 등은 신경 전달 과정에 관여하는 효소의 활성을 높여 뇌 회로가 안정적으로 작동하도록 돕습니다. 이러한 영양소가 고르게 공급될 때, 뇌세포막과 시냅스는 학령기 아이가 요구하는 높은 사용량을 견뎌낼 수 있는 상태로 유지됩니다. 결국 매일의 식탁이 이러한 재료를 충분히 제공할 때, 아이의 뇌는 집중을 오래 유지하고 감정을 조절할 수 있는 힘을 갖추게 됩니다.

한 숟가락의 밥과 국, 한 줌의 채소는 단순히 배를 채우는 끼니가 아니라 학령기 아이의 뇌 회로가 작동하도록 돕는 재료입니다. 음식은 이미 형성된 신경 연결이 집중과 감정 조절, 학습을 지속하는 데 필요한 에너지를 공급합니다.

다시 한번 강조하자면, 먹는 음식의 질과 식습관은 뇌 발달의 토양을 결정합니다. 특정 영양이 부족할 경우 집중력이나 감정 조절에 어려움이 나타날 수 있고, 균형 잡힌 영양 공급은 뇌가 제 기능을 유지하도록 돕습니다. 결국 부모가 매일 차려주는 밥상은 단순한 선택이 아니라, 아이 뇌 속 신경망이 어떤 상태로 작동할지를 결정하는 기본 조건이라고 할 수 있습니다.

후성유전학이 알려주는 뇌 발달의 새로운 이야기

많은 부모들은 유전자는 태어날 때 이미 정해진 것이라고 생각합니다. 부모로부터 물려받은 DNA가 아이의 지능이나 성격, 기질을 모두 결정한다고 느끼기 쉽기 때문입니다. 하지만 최근의 뇌과학과 생명과학은 전혀 다른 이야기를 들려줍니다. 유전자는 고정된 운명이 아니라, 사용되는 방식에 따라 달라지는 설계도에 가깝다는 것입니다.

같은 DNA를 가지고 있어도 어떤 유전자는 자주 사용되고, 어떤 유전자는 거의 사용되지 않습니다. 바로 이 '유전자가 얼마나, 언제 사용되는가'를 조절하는 과정을 연구하는 학문이 후성유전학(epigenetics)입니다. 쉽게 말해, 유전자는 그대로 두고 그 위에 달린 스위치를 켜고 끄는 방식을 다루는 학문입니다.

이 유전자 스위치는 우리 생활과 밀접하게 연결되어 있습니다. 아이가 어떤 음식을 먹는지, 스트레스를 얼마나 받는지, 잠을 얼마나 잘 자는지, 부모와 어떻게 상호 작용하는지 같은 일상적인 환경이 유전자 스위치에 영향을 줍니다. 특히 음식은 유전자 조절에 중요한 역할을 합니다. 엽산, 콜린, 비타민 B군과 같은 영양소는 유전자가 제대로 켜지고 꺼지도록 돕는 재료로 쓰입니다. 이런 영양소가 충분히 공급되면 뇌 발달과 관련된 유전자들이 활발하게 작동할 수 있습니다.

연구에서도 이러한 사실이 반복해서 확인되었습니다. 동물 실험에서는 어미의 돌봄을 충분히 받은 새끼가 스트레스에 더 강한 성체로 성장했는데, 이는 유전자가 바뀌어서가 아니라 유전자 사용 방식이 달라졌기 때문이었습니다. 인간 연구에서도 어린 시절의 영양

상태가 성인이 된 후에도 뇌 기능과 정서 조절에 영향을 미친다는 결과들이 보고되고 있습니다.

후성유전학이 주는 가장 중요한 메시지는 바로 유전자는 한번 정해지면 끝나는 것이 아니라 바꿀 수 있다는 것입니다. DNA 자체는 바뀌지 않지만, 유전자가 어떻게 사용되는지는 생활 습관과 환경에 따라 달라질 수 있습니다. 그중에서도 음식과 영양소는 가장 지속적이고 예측 가능한 환경 요인으로, 뇌 발달과 관련된 유전자 발현이 균형적으로 유지되도록 조절하는 역할을 합니다. 즉, 부모가 매일 차려주는 식탁은 단순한 영양 공급을 넘어, 아이 뇌 유전자의 작동 조건을 설정하는 후성유전적 환경을 만들어주는 중요한 출발점입니다.

27

아이의 뇌 컨디션 체크리스트

다음 표는 한 주 동안 아이의 뇌가 어떻게 쓰이고 회복되었는지를 부모가 함께 점검해보기 위한 체크리스트입니다. 모든 칸을 다 체크하지 않아도 괜찮습니다.

식사 영역

항목	월	화	수	목	금	토	일
아침 식사를 규칙적으로 했다							
하루 한 끼 이상 단백질 식품 (달걀·두부·생선·고기 등)을 섭취했다							
생선(오메가-3)을 주 2회 이상 먹었다							
채소·과일을 하루 3종 이상 먹었다							
철분·아연이 풍부한 식품 (고기·콩류·시금치 등)을 먹었다							

수면 영역

항목	월	화	수	목	금	토	일
충분히 잤다(9~12시간)							
취침 시간이 지나치게 늦지 않았다							
아침에 비교적 편안하게 일어났다							

활동 영역

항목	월	화	수	목	금	토	일
바깥 신체 활동(놀이·달리기·운동 등)을 했다							
장시간 앉아 있는 시간을 중간중간 끊어 주었다							
TV·스마트폰 사용이 하루 1시간 이내였다							

정서 영역

항목	월	화	수	목	금	토	일
부모와 하루 대화 시간을 가졌다							
친구 또는 가족과 함께 어울리는 놀이를 했다							
하루 동안 감정을 말로 표현할 기회가 있었다							
하루를 비교적 안정된 기분으로 마무리 했다							

☑ 활용 팁

• 체크 개수보다 패턴을 보세요.
• 특정 요일에 항상 비어 있는 항목이 있다면, 그게 조정 포인트입니다.
• 한 주가 끝난 뒤 아이와 함께 "이번 주는 어땠어?"라고 이야기해보세요.

Part

2

우리 집 식탁 위 브레인 푸드 사전

아이의 하루 컨디션은 식탁에서 시작됩니다. 집중이 오래 이어지는 날과 쉽게 지치는 날의 차이는 먹은 양보다 식사의 구성에 있습니다. 매일 먹는 재료가 뇌가 활동하는 데 필요한 바탕을 마련해주기 때문입니다. 이 장에서는 두뇌 성장에 관여하는 브레인 푸드의 핵심 영양소와 대표 식품군을 구체적으로 살펴봅니다.

두뇌 성장은 영양의 균형에 달려 있다

그렇다면 왜 뇌는 특별한 영양 균형을 필요로 할까요? 아이의 뇌는 출생 이후부터 학령기에 이르기까지 매우 빠른 속도로 성장하며, 그 과정에서 몸 전체에서 차지하는 비중과 역할이 크게 달라집니다. 무게만 보아도 태어날 때는 성인의 약 25% 수준이지만, 2세 무렵에는 75%, 만 6세 전후에는 거의 성인의 90%에 가까워집니다. 이는 성장기 동안 뇌가 얼마나 집중적으로 자원을 필요로 하는 기관인지를 보여줍니다.

뇌는 체중의 약 2%에 불과하지만, 우리 몸 전체 에너지 소비의 20% 이상을 사용하는 대표적인 고에너지 기관입니다. 특히 성장기 어린이의 뇌는 깨어 있는 동안 끊임없이 정보를 처리하고, 학습과 감정 조절, 신체 움직임까지 동시에 조율해야 합니다. 따라서 에너지가 불안정하게 공급되면, 뇌는 기능을 유지하는 데 어려움을 겪기 쉽습니다.

하지만 뇌가 필요로 하는 것은 단순한 열량만이 아닙니다. 같은 양의 에너지를 섭취하더라도 그 에너지가 어떤 영양소로 구성되어 있는지에 따라 뇌가 활용할 수 있는 방식은 크게 달라집니다. 뇌는 구조와 기능이 분리된 기관이 아니기 때문에 에너지원·구조 재료·조절 인자가 함께 균형을 이뤄야 원활하게 작동합니다.

예를 들어 탄수화물은 뇌의 즉각적인 에너지원으로 작용해 집중을 유지하는 데 도움을 주지만, 이것만으로는 신경 기능을 오래 지속할 수 없습니다. 단백질은 신경전달물질의 원료로 사용되어 정보 전달과 감정 조절에 관여하고, 필수지방산은 신경세포와 시냅스의 구조를 이루는 핵심 재료가 됩니다. 여기에 비타민과 미네랄은 이러한 과정들이 원활하게 이루어지도록 조율하는 보조자 역할을 합니다.

　이중 어느 하나라도 부족하거나 과도하게 치우치면 뇌는 효율적으로 작동하기 어렵습니다. 에너지는 충분한데 집중이 오래 유지되지 않거나, 학습 후 쉽게 피로해지거나, 감정 기복이 잦아지는 모습은 뇌가 필요로 하는 영양 조건이 균형 있게 충족되지 않았다는 신호일 수 있습니다. 성장기 어린이에게서 보이는 이러한 변화는 의지나 성향의 문제로만 해석하기보다, 뇌가 사용하는 연료와 재료의 상태를 함께 살펴볼 필요가 있습니다.

　그래서 두뇌 성장에서 중요한 것은 '얼마나 많이 먹느냐'보다 '어떤 영양소가 어떤 조합으로 공급되느냐'입니다. 특정 음식이나 영양소 하나에 기대기보다는 뇌가 요구하는 다양한 역할을 골고루 충족시키는 식사가 성장기 어린이의 뇌를 가장 든든하게 뒷받침합니다.

브레인 푸드 5대 핵심 영양소

탄수화물 _ 뇌의 기본 에너지원

탄수화물은 아이의 뇌 기능을 유지하기 위한 가장 기본적인 에너지원입니다. 탄수화물은 소화 과정에서 포도당으로 분해되어 혈액을 통해 뇌로 전달되고, 신경세포는 이 포도당을 이용해 전기 신호를 만들어 정보를 전달합니다. 뇌는 에너지를 오래 저장하지 못하기 때문에 일정한 포도당 공급이 지속되어야 원활하게 작동합니다. 이러한 공급이 잘 유지되면 집중과 이해가 지속되지만 혈당이 낮아지면 멍해지거나 과제 지속 시간이 짧아질 수 있습니다. 특히 아침 식사에서 탄수화물이 충분히 제공되지 않으면 오전 시간 동안 집중력과 정보 처리 속도가 떨어질 수 있으며, 반대로 적절한 탄수화물 섭취는 뇌를 빠르게 활동 상태로 전환하는 데 도움이 됩니다.

탄수화물은 종류에 따라 기능이 달라지기보다 소화·흡수되는 속도에 따라 뇌에 전달되는 에너지의 양상이 달라집니다. 빠르게 분해되는 당류는 즉각적인 에너지를 제공하지만 지속 시간이 짧고, 천천히 분해되는 전분과 식이섬유는 포도당을 안정적으로 공급합니다. 그러므로 성장기 어린이에게는 후자의 형태가 일상적인 집중 유지에 더 유리합니다.

에너지를 공급하는 탄수화물의 형태

빠르게 소화되는 탄수화물

소화 과정이 짧아 흡수가 빠르고, 이는 혈당을 빠르게 올립니다. 에너지가 즉시 필요한 상황에서는 도움이 될 수 있지만 이후 혈당이 빠르게 떨어지면서 배고픔이나 집중 저하, 예민함이 나타날 수 있습니다. 이는 의지의 문제가 아니라 에너지 공급 변화에 따른 생리적 반응입니다. 대표 식품으로는 설탕, 과자, 초콜릿, 젤리, 도넛, 달콤한 빵류, 그리고 탄산음료 같은 단 음료가 있습니다.

천천히 소화되는 탄수화물

소화 과정이 천천히 진행되어 흡수 속도를 늦추고 결과적으로 혈당 변동 폭을 줄이는 형태입니다. 뇌가 필요한 에너지를 일정하게 받을 수 있어 집중이 오래 필요한 상황에서 유리하며, 특히 아침 식사에 적합합니다. 대표 식품으로는 현미, 귀리, 보리와 같은 잡곡밥, 오트밀, 통밀빵, 감자, 고구마, 옥수수 등이 있습니다.

단백질 _ 신경전달물질의 원료

단백질은 단순히 근육이나 세포를 만드는 영양소가 아닙니다. 아이의 뇌에서는 단백질이 신경전달물질을 만드는 재료로 사용되며, 사고·감정·행동을 조절하는 핵심 역할을 합니다.

신경전달물질은 뉴런(신경세포)과 뉴런 사이의 시냅스 간극을 건너 정보를 전달하는 화학적 메신저입니다. 우리가 생각하고, 느끼고, 행동하는 거의 모든 과정은 이 작은 분자의 흐름을 통해 이루어집니다. 따라서 충분하고 균형 잡힌 단백질 섭취는 아이의 뇌가 원활하게 소통할 수 있는 '언어의 재료'를 공급하는 일이라 할 수 있습니다.

대표적인 신경전달물질과 그 기능을 살펴보면 다음과 같습니다.

주요 신경전달물질과 역할

도파민 (Dopamine)

도파민은 흔히 동기부여와 보상을 담당하는 신경전달물질로 알려져 있지만, 실제로는 주의집중, 학습, 기억, 의사결정 전반에 깊이 관여합니다. 특히 전두엽 기능과 밀접하게 연결되어 있어, 아이가 새로운 것을 배우려는 의욕을 느끼거나 작은 성공에 기쁨을 느낄 때 도파민 회로가 활성화됩니다. 도파민이 부족하면 무기력감, 동기 저하, 주의력 저하로 이어질 수 있습니다. 단백질에 포함된 타이로신은 도파민의 주요 원료로, 육류·생선·달걀은 아이의 집중력을 지탱하는 중요한 식품입니다.

세로토닌 (Serotonin)

세로토닌은 감정의 균형과 안정에 관여하는 신경전달물질로, 흔히 '행복 호르몬'이라 불립니다. 불안 조절, 충동 억제, 수면 리듬 형성에도 중요한 역할을 합니다. 세로토닌의 원료는 단백질 속 트립토판입니다. 트립토판이 부족하면 아이는 쉽게 예민해지고, 수면의 질이 떨어질 수 있습니다. 반대로 균형 잡힌 단백질 섭취는 아이가 안정된 정서 상태를 유지하며 학습에 몰입하도록 돕습니다.

가바 (GABA, Gamma-aminobutyric acid)

가바는 뇌의 대표적인 억제성 신경전달물질로, 과도한 흥분을 가라앉히는 역할을 합니다. 아이가 자극적인 환경에서도 쉽게 산만해지지 않고 차분함을 유지하는 데 가바가 필요합니다. 가바가 부족하면 과잉행동이나 불안 증상이 나타날 수 있습니다.

아세틸콜린 (Acetylcholine)

아세틸콜린은 기억과 학습에 깊이 관여하는 신경전달물질로, 해마와 대뇌피질에서 중요한 역할을 합니다. 주로 단백질 식품에 들어 있는 콜린에서 합성되며, 새로운 정보를 기억하고 학습 내용을 장기 기억으로 전환하는 과정에 필수적입니다.

노르아드레날린 (Norepinephrine)

노르아드레날린은 주의집중과 각성 상태를 조절하는 신경전달물질입니다. 타이로신에서 합성되며, 아이가 과제에 집중하거나 위기 상황에서 반응할 때 중요한 역할을 합니다. 다만 너무 적으면 집중력이 떨어지고, 과도하면 긴장과 불안을 유발할 수 있어 균형 잡힌 단백질 섭취가 특히 중요합니다.

✚ Plus Info

단백질 섭취 불균형을 의심할 수 있는 아이의 신호 5가지

❶ 집중 시간이 짧아진다
평소 좋아하던 놀이, 그림, 책 읽기에도 금세 흥미를 잃고 산만해진다면, 신경전달물질(특히 도파민) 합성이 원활하지 못할 수 있습니다.

❷ 감정 기복이 잦다
사소한 일에도 쉽게 짜증을 내거나 울고, 금세 기분이 바뀌는 경우 세로토닌 부족과 연관될 수 있습니다.

❸ 학습 내용을 잘 기억하지 못한다
배운 것을 금방 잊거나 새로운 단어·숫자 학습이 어렵다면 아세틸콜린 합성에 필요한 아미노산·콜린 섭취가 부족할 수 있습니다.

❹ 수면의 질이 떨어진다
잠들기 힘들어하거나 자주 깨는 경우, 단백질 부족으로 인한 세로토닌 및 멜라토닌 합성 저하가 원인일 수 있습니다.

❺ 성장이 늦고 체력 저하가 나타난다
체력이 쉽게 떨어지고, 성장 곡선이 또래보다 늦어지는 양상이 보인다면 단백질 부족이 뇌뿐 아니라 전신 성장에도 영향을 미치고 있다는 신호일 수 있습니다.

필수지방산 _ 시냅스 구조의 핵심 재료

필수지방산은 단순히 열량을 공급하는 지방이 아닙니다. 아이의 뇌에서는 필수지방산과 불포화지방산이 뇌세포막과 시냅스 구조를 이루는 기본 재료로 사용되며, 신경 신호가 얼마나 빠르고 정확하게 전달되는지를 결정합니다.

뇌는 체중의 약 2%에 불과하지만, 우리 몸 전체 에너지 소비의 20% 이상을 차지하는 기관입니다. 더욱 중요한 사실은 뇌를 구성하는 성분의 60% 이상이 지방이라는 점입니다. 이 지방은 신경세포를 감싸는 세포막을 만들고, 신경세포와 신경세포가 정보를 주고받는 접점인 시냅스의 안정성과 유연성을 좌우합니다.

시냅스는 생각과 감정, 기억이 실제로 오가는 통로입니다. 이 통로를 둘러싼 세포막이 단단하면서도 유연해야 신호가 끊기지 않고 부드럽게 흐를 수 있습니다. 따라서 어떤 지방산을 섭취하느냐는 곧 아이의 뇌 신호 전달 환경을 어떻게 설계할 것인가의 문제입니다.

시냅스에 중요한 대표 지방산

DHA (Docosahexaenoic acid, 오메가-3 지방산)

DHA는 뇌세포막을 구성하는 대표적인 다중불포화지방산으로, 세포막을 유연하게 만들어 신경 신호 전달 속도와 효율을 높입니다. 기억을 담당하는 해마와 시냅스 밀도가 높은 뇌 부위에 특히 많이 분포하며, 기억력·학습 능력·정보 처리 능력과 밀접한 관련이 있습니다. 성장기 아이에게 DHA가 중요한 이유가 여기에 있습니다.

EPA (Eicosapentaenoic acid, 오메가-3 지방산)

EPA는 구조 재료라기보다는 뇌 환경을 조절하는 기능성 지방산에 가깝습니다. 뇌 속 염증 반응과 산화 스트레스를 조절해 신경세포를 보호하고, 정서 안정에 관여하여 불안과 긴장을 완화하는 데 도움을 줍니다. DHA와 함께 섭취될 때 뇌 기능을 더욱 효과적으로 뒷받침합니다.

ALA (α-Linolenic acid, 오메가-3 지방산)

ALA는 엄밀한 의미의 필수지방산으로, 체내에서 합성되지 않아 반드시 음식으로 섭취해야 합니다. ALA는 체내에서 일부가 DHA와 EPA로 전환되어 뇌 기능을 지원하며, 성장기 아이의 지방산 대사 균형을 유지하는 출발점 역할을 합니다.

리놀레산 (Linoleic acid, 오메가-6 지방산)

리놀레산 역시 대표적인 필수지방산으로, 뇌세포막의 구조를 유지하고 신경세포 성장에 관여합니다. 다만 오메가-6 지방산은 과도할 경우 염증 반응을 촉진할 수 있어, 오메가-3 지방산과의 균형이 중요합니다.

단일불포화지방산 (Monounsaturated Fatty Acids, MUFA)

단일불포화지방산은 불포화지방산의 한 종류로, 뇌세포막의 안정성을 지지하는 역할을 합니다. 다중불포화지방산처럼 직접적인 신경 신호 전달 속도를 높이기보다는, 세포막이 지나치게 경직되거나 불안정해지지 않도록 균형을 잡아주는 구조적 완충재에 가깝습니다.

　뇌의 시냅스는 유연함과 안정성이 동시에 요구되는 구조입니다. 세포막이 지나치게 딱딱하면 신호 전달이 둔해지고, 반대로 지나치게 불안정하면 신호의 정확도가 떨어질 수 있습니다. 단일불포화지방산은 이러한 극단을 완화해 시냅스 환경이 안정적으로 유지되도록 돕는 역할을 합니다.

　또한 단일불포화지방산은 필수지방산과 오메가-3·6 지방산이 제 기능을 발휘할 수 있도록 뇌 세포막의 기본 구조를 뒷받침하는 바탕이 됩니다. 직접적인 주인공이라기보다는 전체 시스템이 흔들리지 않도록 지지하는 조율자 역할의 지방산이라 할 수 있습니다.

미네랄 _ 기억력과 학습 능력의 숨은 조력자

미네랄은 필요량은 매우 적지만, 아이의 뇌 기능을 유지하고 조절하는 데 있어 결정적인 역할을 합니다. 에너지를 직접 만들거나 구조를 형성하지는 않지만, 신경전달물질의 합성, 시냅스 조정, 신경세포의 흥분과 억제 균형까지, 뇌에서 일어나는 수많은 과정이 정확한 방향으로 작동하도록 조율합니다.

미네랄이 부족할 때 가장 먼저 나타나는 변화는 집중력 저하, 감정 기복, 학습 효율의 감소입니다. 그래서 미네랄은 눈에 띄지 않지만, 뇌 기능을 뿌리에서 지탱하는 '보이지 않는 조력자'라 할 수 있습니다.

철분 (Iron)

철분은 산소 운반뿐 아니라, 도파민을 비롯한 신경전달물질 합성과 전두엽 기능 유지에 관여하는 미네랄입니다. 전두엽은 집중력, 계획 능력, 충동 조절을 담당하는 핵심 영역입니다. 특히 성장 초기의 철분 결핍은 이후 충분히 보충하더라도 집중력과 기억력 저하가 지속될 수 있다는 연구들이 보고되어 있습니다. 이는 철분이 뇌 회로가 형성되는 시기에 결정적인 역할을 한다는 것을 의미합니다.

아연 (Zinc)

아연은 시냅스의 가소성(plasticity)을 유지하는 데 중요한 미네랄입니다. 시냅스 가소성은 경험과 학습에 따라 신경 연결이 강화·조정되는 능력으로, 학습과 기억의 핵심 기전입니다.

아연이 부족하면 시냅스의 미세 조정 능력이 떨어져 새로운 정보를 처리하고 저장하는 과정이 원활하지 않을 수 있으며, 이로 인해 산만함이나 충동적인 반응이 나타날 수 있습니다.

마그네슘 (Magnesium)

마그네슘은 신경세포의 과도한 흥분을 억제하는 역할을 합니다. 뇌에서는 NMDA(N-메틸-D-아스파르트산)수용체 조절에 관여해 신경 신호가 지나치게 과열되지 않도록 균형을 잡아줍니다. 마그네슘이 충분하면 집중 상태가 잘 유지되고, 자극에 과민하게 반응하지 않습니다. 반대로 부족할 경우 예민함, 집중 지속의 어려움, 감정 기복이 나타날 수 있습니다. 마그네슘은 뇌 회로에서 브레이크 역할을 하는 미네랄입니다.

요오드 (Iodine)

요오드는 갑상선 호르몬 합성에 필수적인 미네랄로, 뇌 성장 속도와 신경 성숙을 조절합니다. 갑상선 호르몬은 신경세포의 분화와 연결, 뇌 회로의 성숙 과정에 직접적으로 관여합니다. 특히 성장기에는 요오드 상태가 뇌 발달의 기본 환경을 결정할 수 있으며, 요오드는 뇌 기능을 직접 조절하기보다는 뇌가 자라날 수 있는 속도와 리듬을 맞추는 역할을 합니다.

셀레늄 (Selenium)

셀레늄은 뇌를 산화 스트레스로부터 보호하는 항산화 시스템에 관여하는 미량 미네랄입니다. 신경세포는 산화 손상에 특히 취약한 구조이며, 셀레늄은 항산화 효소의 구성 요소로서 이러한 손상을 완화하는 데 기여합니다.

셀레늄은 뇌 회로를 직접 활성화하기보다는 신경세포가 안정적으로 기능할 수 있는 환경을 유지하는 역할을 합니다. 장기적으로는 뇌 기능의 지속성과 회복력을 지탱하는 기반이 됩니다.

비타민 _ 뇌 신호의 지휘자

비타민은 뇌를 구성하거나 에너지를 직접 공급하는 영양소는 아닙니다. 하지만 뇌에서 일어나는 거의 모든 반응이 제때, 정확하게 진행되도록 조율하는 촉매 역할을 합니다. 신경전달물질이 만들어지고, 신호가 전달되고, 회로가 작동하는 모든 과정에는 비타민이 필요합니다. 비타민이 부족하면 뇌 회로 자체가 망가지는 것은 아니지만, 속도가 느려지고 타이밍이 어긋나며 전체 흐름이 흐트러집니다. 그래서 비타민은 뇌 신호의 지휘자에 비유할 수 있습니다.

뇌 기능에 중요한 대표 비타민

비타민 B군 (Vitamin B complex)

비타민 B군은 신경세포의 에너지 대사에 필수적인 비타민입니다. 포도당이 뇌 활동에 사용될 수 있도록 돕고, 신경전달물질 합성 과정에도 관여합니다. 비타민 B군이 부족하면 뇌는 에너지를 효율적으로 사용하지 못해 피로감·무기력·집중력 저하가 나타날 수 있습니다. 아이가 '머리가 잘 안 돌아간다'는 느낌을 받을 때 그 배경에는 비타민 B군 부족이 숨어 있는 경우도 많습니다.

비타민 D (Vitamin D)

비타민 D는 뇌에서 신경 성장 인자(neurotrophic factors)의 발현과 세로토닌 경로 조절에 관여합니다. 이는 곧 뇌 회로의 유지와 정서 안정, 학습 태도와 연결됩니다. 비타민 D는 기분과 감정 조절에도 영향을 주기 때문에 부족하면 무기력함이나 의욕 저하로 이어질 수 있습니다. 뇌 기능 측면에서 비타민 D는 단순한 보조 영양소가 아니라 뇌 환경을 장기적으로 조성하는 조율자에 가깝습니다.

비타민 C (Vitamin C)

비타민 C는 강력한 항산화 비타민으로, 뇌세포를 산화 스트레스로부터 보호합니다. 또한 도파민과 노르에피네프린 같은 신경전달물질 합성에도 관여해 신경 신호가 잘 유지되도록 돕습니다.

뇌는 산화 스트레스에 특히 민감한 기관이기 때문에 비타민 C는 눈에 띄지 않지만 신경 신호의 지속성과 안정성을 지키는 역할을 합니다.

비타민 A (Vitamin A)

비타민 A는 신경세포의 분화와 성장, 시냅스 형성 과정에 관여합니다. 특히 성장기에는 뇌 회로가 정교해지는 과정에서 비타민 A가 중요한 조절 인자로 작용합니다. 비타민 A는 과도해도 문제가 될 수 있어 뇌 기능을 직접 자극하기보다는 발달 과정의 균형을 맞추는 역할에 가깝습니다.

비타민·미네랄, 꼭 보충제로 먹여야 할까요?

아이의 뇌 발달을 위해 비타민과 미네랄이 중요하다는 이야기를 들으면 부모들은 자연스럽게 이런 질문을 떠올립니다. '아이가 잘 안 먹는데, 약으로라도 보충해주어야 하나?', '이미 철분이나 아연을 먹이고 있는데 더 추가해도 괜찮을까?' 등 부모들이 가장 궁금해하는 질문들을 정리했습니다.

Q 우리 아이는 고기를 잘 안 먹어요. 성장기에는 육류가 좋다고 들었는데 보충제를 먹여야 할까요?

A 비타민 B군은 신경세포의 에너지 대사에 꼭 필요한 영양소입니다. 부족하면 피로감, 무기력, 집중력 저하로 이어질 수 있습니다. 음식으로 충분히 섭취하는 것이 가장 이상적이지만, 특정 식품을 지속적으로 거부하는 경우라면 전문가와 상담 후 보충제를 보조적으로 사용하는 것도 하나의 선택이 될 수 있습니다. 다만 비타민 B군은 수용성 비타민으로, 많이 먹을수록 더 좋은 영양소는 아닙니다. 장기간 고용량 섭취보다는 식습관을 점검하면서 한시적으로 활용하는 접근이 바람직합니다.

Q 철분이나 아연은 어릴 때부터 약으로 많이 먹였는데, 계속 먹여도 되나요?

A 철분과 아연은 성장기 뇌 기능에 중요한 미네랄이지만 부족할 때와 과잉일 때의 차이가 큰 영양소이기도 합니다. 특히 철분은 필요 이상으로 섭취할 경우 다른 미네랄의 흡수를 방해하거나 소화기 불편을 유발할 수 있습니다. 이미 철분이나 아연 보충제를 복용하고 있다면 얼마나 오래, 얼만큼의 용량으로 섭취하고 있는지를 점검하고 필요한 시기에만 선택적으로 사용하는 방식이 가장 안전합니다.

Q 비타민과 미네랄이 한꺼번에 들어 있는 종합 영양제를 먹이는 게 효과적인가요?

A 종합 영양제는 편리하지만, 아이에게 항상 가장 적절한 선택은 아닐 수 있습니다. 아이마다 식습관과 결핍 위험이 다르기 때문에 모든 영양소를 한 번에 보충하는 방식은 불필요한 중복 섭취로 이어질 수 있습니다. 특히 미네랄은 서로 흡수를 방해하는 경우도 있어, '많이 들어 있는 제품'보다 지금 아이에게 필요한 성분이 무엇인지 살펴보는 것이 중요합니다.

Q 편식하는 아이에게는 영양제가 반드시 필요한가요?

A 편식을 한다고 해서 영양이 결핍되었다고 볼 수는 없습니다. 반드시 영양제를 먹여야 하는 것도 아닙니다. 다만 특정 식품군을 장기간 거의 먹지 않거나 식사량이 매우 적은 경우, 일부 영양소가 부족해질 가능성이 높습니다. 이럴 때 영양제는 아이의 식사를 대신하는 수단이 아니라 부족해질 수 있는 부분을 임시로 보완하는 도구로 활용할 수 있습니다. 중요한 기준은 편식의 기간과 정도, 아이의 전반적인 성장 상태와 컨디션입니다. 영양제를 먼저 결정하기보다 '지금 우리 아이에게 실제로 부족할 가능성이 있는 영양소가 무엇일까?'를 한번 점검해보는 것이 바람직합니다.

성장기 아이를 위한 대표 브레인 푸드

곡류·잡곡류 _ 두뇌 활동을 지탱하는 기본 에너지원

곡류·잡곡류는 성장기 어린이의 뇌가 하루 종일 활동할 수 있도록 안정적인 에너지를 공급하는 식품군입니다. 뇌는 포도당을 주 연료로 사용하기 때문에 에너지가 끊기지 않고 일정하게 이어지는 것이 중요합니다. 정제되지 않은 곡류와 잡곡에 포함된 전분과 식이섬유는 소화·흡수 속도를 완만하게 만들어 혈당 변동을 줄이는 방향으로 작용합니다. 이러한 특성은 활동 중 피로감이나 주의 저하가 나타나는 상황을 줄이기 위한 식사 구성에 활용됩니다.

현미

정제되지 않은 통곡물로, 집중력을 오래 유지해야 하는 성장기 어린이에게 기본이 되는 곡류입니다. 에너지가 천천히 공급되어 혈당이 급격히 오르거나 내리지 않습니다. 현미의 식이섬유와 배아에 남아 있는 비타민 B군은 포도당을 뇌세포가 사용할 수 있는 에너지로 전환하는 데 도움을 줘 식사 후에도 활동에 비교적 오래 이어지도록 합니다.

└ 안정적인 에너지 방출, 뇌 에너지 대사에 필요한 영양소 유지

오트밀(귀리)

에너지 공급이 부드럽고 포만감이 오래가 아침 시간대 뇌 활동을 안정적으로 시작하게 합

니다. 귀리의 베타글루칸은 소화 속도를 늦춰 포도당이 천천히 흡수
되도록 만들고, 그 결과 활동 시간 동안 혈당 변동이 작아 주의집중
이 끊기지 않게 합니다.

└ **오전 집중력 유지, 다른 식품군과의 조합 활용도 높음**

보리

혈당 상승 속도가 느려 식후 에너지 기복이 적으며, 장 기능을 통해
뇌 활동의 리듬이 이어지도록 돕습니다. 보리의 수용성 식이섬유는
장내 미생물의 먹이가 되어 장 환경을 좋게 하고, 이는 장과 뇌의 연
결을 통해 식후 졸림이나 과도한 각성 같은 변화를 완화하는 데 도움
을 줍니다.

└ **에너지 기복 완화, 장-뇌 축 안정에 도움**

통밀

정제 밀가루보다 영양 밀도가 높아 뇌 활동에 필요한 에너지를 보다 지속적으로 제공합니
다. 밀기울과 배아에 포함된 마그네슘과 비타민 B군은 신경세포의 에너지 생성과 신경전
달물질 합성에 쓰여, 같은 양의 탄수화물이라도 뇌 활동에 더 효과적으로 사용되도록 돕
습니다.

└ **가공식품 선택 시 대안 곡류, 에너지 질 개선**

잡곡 혼합

여러 곡류를 함께 먹으면 에너지 공급이 한쪽으로 치우치지 않고 식사 전체의 영양 균형도
좋아집니다. 곡류마다 전분 구조와 식이섬유 비율이 달라 소화되는 속도가 서로 다르기 때
문에 함께 먹으면 포도당이 천천히 공급되어 식사 후 에너지가 더 오래 유지됩니다.

└ **영양 구성의 다양성, 식단 균형 보완**

육류·생선·달걀 _ 신경회로를 구성하는 핵심 재료

육류·생선·달걀은 성장기 어린이의 뇌에서 신경세포와 시냅스를 이루는 재료를 공급하는 식품군입니다. 뇌 기능은 단순한 에너지로만 유지되지 않으며, 신경전달물질과 세포 구조를 만들 수 있는 질 좋은 단백질과 지방이 함께 필요합니다. 육류·생선·달걀은 단백질·필수지방산 같은 영양소와 직접적으로 연결되며, 아이의 기억력·집중력·학습 효율을 뿌리에서 지탱하는 역할을 합니다.

소고기(살코기)

양질의 단백질과 철분을 함께 공급해 전두엽 기능과 집중력 유지에 중요한 역할을 합니다. 소고기에 포함된 헤모글로빈 철은 뇌로 산소가 전달되는 효율을 높이고, 단백질은 도파민·노르에피네프린 같은 신경전달물질의 재료가 되어 사고 지속 시간에 영향을 줍니다.

└ **신경전달물질 합성에 필요한 재료 제공, 성장기 뇌 회로 형성에 기여**

돼지고기(살코기)

에너지 대사에 관여하는 비타민 B_1이 풍부해 섭취한 탄수화물을 뇌가 사용할 수 있는 에너지로 바꾸는 데 도움을 줍니다. 돼지고기의 비타민 B_1은 포도당을 분해해 신경세포가 사용하는 에너지(ATP)를 만드는 데 중요한 역할을 합니다. 같은 양의 탄수화물을 섭취해도 이 전환 과정이 원활해야 활동 중 피로감을 덜 느끼게 됩니다.

└ **뇌 에너지 생성 과정에 관여, 피로 감소**

닭고기

소화 부담이 비교적 적어 아이들이 꾸준히 섭취하기 좋은 기본 단백질 식재료입니다. 닭고기의 아미노산은 신경세포 유지와 회복에 사용되는데, 특히 트립토판은 세로토닌 생성에 관여해 과도한 긴장을 낮추고 안정적인 집중 상태를 만드는 데 도움을 줍니다.

└ **신경세포 재료 보충, 일상 식단 활용도 높음**

등푸른생선

필수지방산이 풍부해 학습과 기억 형성 과정에 중요한 역할을 하는 대표적인 뇌 구조 식재료입니다. 등푸른생선에 많은 DHA는 신경세포 막의 주요 구성 성분으로 사용됩니다. 신경세포 막이 충분히 유연해야 수용체가 잘 움직이고 신경전달물질이 결합하는 과정이 원활해집니다. 이렇게 되면 신경 신호가 더 빠르게 전달되어 학습과 기억 형성에도 도움이 됩니다.

    └ **뇌 회로 유연성 지원, 학습·기억 기능과 연결**

흰살생선

지방 함량이 낮고 단백질 밀도가 높아 성장기 어린이가 부담 없이 섭취하기 좋은 단백질 식품입니다. 흰살생선의 필수 아미노산은 신경세포 단백질을 합성하고 유지하는 과정에 사용되어 활동이나 학습 후에도 세포 기능이 급격히 떨어지지 않도록 돕습니다. 소화 속도가 비교적 빨라 회복 단계 식사로 활용하기 좋습니다.

    └ **신경세포 구조 보완, 소화 부담 적음**

달걀

달걀은 단백질과 지방이 풍부해 뇌 회로 형성에 필요한 영양을 균형 있게 제공하는 식품입니다. 난황의 콜린은 기억 형성과 관련된 아세틸콜린 생성에 사용되고, 인지질은 신경세포 막과 시냅스 형성에 직접 쓰입니다. 성장기에는 '회로를 만드는 재료' 역할을 합니다.

    └ **기억과 학습 과정 지원, 단일 식재료 활용도 높음**

채소류 _ 항산화와 뇌건강 지킴이

채소류는 뇌를 직접 자극하거나 에너지를 공급하는 식품군은 아니지만, 뇌가 안정적으로 기능할 수 있는 환경을 만들어주는 역할을 합니다. 신경세포는 산화 스트레스와 염증에 취약하기 때문에 이를 완화하는 영양 요소가 꾸준히 필요합니다.

채소류에 들어 있는 다양한 항산화 성분과 미량 영양소는 신경세포를 보호하고, 뇌 회로가 과도하게 소모되지 않도록 돕습니다. 뇌 건강을 지키는 데 의미 있는 대표 채소 식재료를 소개합니다.

시금치

집중 상태를 유지하는 데 도움이 되는 대표적인 잎채소입니다. 항산화 성분과 미네랄이 풍부해 신경 활동이 많을 때 발생하는 대사 부산물을 줄여주는 효과가 있습니다. 엽산과 마그네슘은 신경전달물질 합성 과정과 흥분 조절에 쓰여 과도한 신경 활성 상태가 지속되지 않도록 균형을 유지하는 데 도움을 줍니다.
└ **신경세포 보호, 뇌 기능 소모 완화**

브로콜리

브로콜리는 설포라판과 비타민 C가 풍부한 채소로, 체내 항산화 반응에 필요한 효소 작용을 돕습니다. 이러한 과정은 신경세포 주변의 산화 부담을 줄여 세포가 안정적인 상태를 유지하도록 합니다. 반복적인 신경 활동이 이루어질 때 필요한 기본 환경을 유지하는 역할을 합니다.
└ **뇌세포 보호, 장기적인 뇌 건강 지원**

당근

항산화 비타민이 풍부해 신경세포 구조 안정에 도움을 주는 채소입니다. 당근의 주요성분인 베타카로틴은 세포막 손상을 줄여 신경 신호 전달 과정에서 발생하는 산화 부담을 낮추고 신경 활동이 많을 때도 세포 기능이 크게 흔들리지 않도록 돕습니다.

└ **뇌 환경 안정, 자극 부담 적음**

토마토

뇌 활동 후 회복 과정에 도움을 주는 채소입니다. 토마토에 함유된 리코펜은 신경세포 주변의 산화 반응을 줄여 장시간 집중한 뒤에도 세포 기능이 급격히 떨어지지 않도록 돕습니다.

└ **뇌 피로 관리, 환경 스트레스 완화**

버섯류

신경계가 원활하게 작동하는 환경을 만드는 데 도움을 주는 식재료입니다. 버섯의 β-글루칸은 면역 반응 균형을 돕고, 에르고티오네인은 산화 반응을 완화해 신경세포 주변 환경을 보호합니다. 또한 비타민 B군은 신경세포의 에너지 대사에 사용되어 지속적인 신경 활동에 필요한 에너지 대사를 돕습니다.

└ **신경세포 보호, 에너지 대사 과정 지원**

과일류 _ 뇌 피로를 풀어주는 비타민 공급원

과일류는 성장기 어린이의 뇌에 빠르게 활용될 수 있는 비타민과 항산화 성분을 공급하는 식품군입니다. 과도한 자극 없이 뇌 피로를 완화하고, 집중력이 떨어지는 시점에 회복을 돕는 역할을 합니다.

채소류가 뇌 환경을 지키는 역할이라면, 과일류는 사용한 에너지를 보충해 뇌 컨디션을 다시 끌어올리는 식품군이라 할 수 있습니다. 성장기 어린이의 뇌 피로 관리에 도움이 되는 대표 과일은 다음과 같습니다.

바나나

바나나의 포도당은 뇌의 직접적인 에너지원으로 사용되고, B₆는 아미노산을 신경전달물질로 전환하는 데 도움을 줍니다. 단순 당만 섭취할 때보다 흡수 속도가 완만해 활동 후 에너지 보충 식품으로 활용하기에 좋습니다.

└ **뇌 에너지 공급, 신경전달물질 합성 과정 참여**

베리류

블루베리, 딸기, 크랜베리, 라즈베리, 아사이베리 등의 베리류는 폴리페놀 함량이 높은 과일군입니다. 폴리페놀과 블루베리의 안토시아닌은 산화 반응을 줄여 신경세포 주변 환경이 안정적으로 유지되도록 돕습니다. 반복적인 신경 활동으로 생기는 산화 부담을 줄이는 데 도움을 주는 식품군입니다.

└ **신경세포 대사 환경 유지, 산화 반응 대응 과정 참여**

사과

과당과 식이섬유가 함께 포함된 과일로, 당 흡수 속도가 비교적 완만합니다. 사과에 함유된 펙틴은 소화 속도를 늦춰 포도당 공급 속도를 급격히 변화시키지 않도록 하고, 식사 사이에 간식으로 먹으면 에너지가 오래 이어지는 데 도움이 됩니다.

└ **완만한 에너지 공급**

감귤류

집중력이 떨어질 때 시트러스의 상큼한 향이 리프레시하게 해줍니다. 대표적으로 오렌지, 귤, 레몬 등이 있으며 구연산과 비타민 C가 풍부한 과일입니다. 구연산은 세포의 에너지 생산 과정에 직접 사용되고, 비타민 C는 신경 활동 중 생성되는 산화 물질을 처리하는 데 도움을 줍니다. 활동 후 피로가 느껴질 때 회복 식품으로 활용하기 좋습니다.

└ **에너지 대사 과정 참여, 산화 반응 대응**

아보카도

단일불포화지방산과 비타민 E가 풍부한 과일입니다. 지방산은 세포막 구성에 사용되고, 비타민 E는 지방의 산화를 억제해 신경세포 막이 건강하게 유지되도록 돕습니다.

└ **세포막 구성 성분 공급, 지질 산화 억제 과정 참여**

우유 및 유제품류 _ 뇌와 신경을 튼튼히 받쳐주는 기반 식품군

우유 및 유제품류는 성장기 어린이의 뇌에서 신경 전달과 성장 과정의 기반을 이루는 식품군입니다. 눈에 띄게 뇌를 자극하지는 않지만, 신경세포가 신호를 주고받고 성장할 수 있도록 기본 환경을 만들어주는 역할을 합니다. 특히 성장기에는 뇌와 몸이 함께 자라기 때문에 신경 기능과 구조를 함께 유지하는 영양 공급이 중요합니다.

우유

성장기 신경계가 필요로 하는 단백질과 미네랄을 함께 제공하는 기본 식품입니다. 우유의 단백질은 신경전달물질의 재료가 되고, 칼슘은 신경세포가 신호를 전달할 때 세포 안팎으로 이동하며 전달 시작을 알리는 역할을 합니다. 즉 '신호를 만들 재료'와 '신호를 움직이는 조건'을 함께 제공하는 식품입니다.

└ **신경전달 과정 참여, 성장기 기본 식재료**

요거트

장 환경을 통해 신경계 상태와 연결되는 발효 유제품입니다. 요거트의 유산균은 장내 미생물 구성을 바꾸고, 이 과정에서 생성되는 대사 물질은 신경계에 전달되는 신호에 영향을 줍니다. 식사 불균형이나 피로 상황에서 컨디션 회복 식품으로 활용하기 좋습니다.

└ **뇌-장 축 간접 지원, 식사·간식 활용도 높음**

치즈

발효 과정에서 단백질이 아미노산과 펩타이드 형태로 부분 분해되어 흡수가 쉬운 상태로 존재합니다. 이 아미노산은 신경전달물질 합성에 사용되고, 발효 과정에서 만들어진 펩타이드는 신경 반응을 조절하는 작용을 합니다. 또한 칼슘 이용률이 높아 신경 신호 전달에 필요한 환경을 유지하는 데 도움을 줍니다.

└ **신경세포 구성 성분 공급, 소량 활용 가능**

견과류·씨앗류 _ 뇌의 스위치를 켜는 좋은 기능성 지방

견과류·씨앗류는 성장기 어린이의 뇌에서 신경 회로가 효율적으로 작동하도록 돕는 기능성 지방을 공급하는 식품군으로, 식재료 중 필수지방산과 불포화지방산이 특히 풍부한 식품입니다.

견과류·씨앗류는 뇌를 즉각적으로 각성시키기보다 시냅스의 유연성과 안정성을 함께 유지하게 해 집중력과 사고 흐름을 부드럽게 이어지도록 돕습니다. 대표적인 견과류·씨앗 식재료는 다음과 같습니다.

호두

뇌 조직에 많은 다중불포화지방산을 공급하는 대표 견과류입니다. 호두의 오메가-3 지방산은 신경세포 막 인지질 구성에 사용되어 신호를 주고받는 수용체 단백질이 정상적으로 작동하는 데 도움을 줍니다. 새로운 정보를 연결하고 기억을 형성하는 과정에서 반복적으로 사용되는 중요한 구조 성분입니다.

└ **사고 연결성 지원, 뇌 회로 유연성**

아몬드

지방과 비타민 E가 함께 들어 있는 견과류입니다. 아몬드의 비타민 E는 지질 산화를 억제해 신경세포 막 성분이 손상되지 않도록 돕고, 지방산은 시냅스 구조 유지에 사용됩니다. 일상적으로 소량 섭취하기 좋은 식품입니다.

└ **신경세포막 보호, 일상 섭취 활용도 높음**

캐슈너트

지방과 탄수화물이 함께 들어 있는 견과류로 캐슈너트의 마그네슘과 아미노산은 신경 흥분과 이완 조절에 쓰이고, 지방은 세포막 구성에 사용됩니다. 활동과 휴식 전환이 필요한 상황에서 먹기 좋은 식품입니다.

└ **신경 흥분 조절과정 참여, 세포막 구성 성분 공급**

땅콩

콩과 식물이지만 영양 구성은 견과류와 비슷한 식품입니다. 땅콩에 들어 있는 단백질은 신경전달물질 합성 재료로 사용되고, 지방은 세포막 구성에 활용됩니다. 비교적 쉽게 구할 수 있어 일상 식단에서 꾸준히 활용하기 좋은 식품입니다.

└ **뇌 기능 보조 지방 공급, 접근성·활용도 높음**

씨앗류

소량으로 다양한 지방과 미량 영양소를 제공하는 농축 식재료입니다. 대표적인 씨앗류로는 참깨와 들깨, 해바라기씨, 호박씨, 아마씨, 치아씨드 등이 있습니다. 오메가-3·오메가-6 지방산은 신경세포막을 이루는 성분으로 사용되고, 아연·마그네슘 등의

미네랄은 신경 전달과 관련된 효소 작용에 관여합니다. 음식에 소량 추가하는 것만으로도 영양 구성을 보완할 수 있으며 다양한 요리에 활용하기 좋습니다.

└ **뇌 환경 보조, 소량으로 기능 보완 가능**

✅ **견과류 알레르기, 이렇게 접근하세요**

견과류는 뇌 기능을 뒷받침하는 좋은 식재료지만, 일부 아이에게는 알레르기 반응을 일으킬 수 있습니다. 이미 알레르기 진단을 받았거나 과거에 반응이 있었던 경우에는 무리하게 포함시킬 필요가 없습니다. 이런 아이에게는 대체 선택지로 씨앗류나 생선류, 식물성 기름을 추천합니다.

씨앗류는 견과류와 달리 알레르기 위험이 상대적으로 낮은 경우가 많아 기능성 지방과 미량 영양소를 소량으로 보완하는 데 도움이 됩니다. 등푸른생선이나 흰살생선도 뇌에 필요한 지방을 충분히 공급할 수 있는 식재료입니다. 생선류가 식단에 포함되어 있다면 견과류를 꼭 추가하지 않아도 됩니다. 조리 과정에서 사용하는 식물성 기름 역시 지방 섭취의 균형을 맞추는 데 도움을 줄 수 있습니다.

+ Plus Info

브레인 푸드, 이것이 궁금해요

Q 뇌에 좋은 음식은 많이 먹을수록 효과가 커질까요?

A 아니요. 균형이 더 중요합니다. 뇌는 특정 영양소 하나로 작동하지 않고, 단백질·지방·비타민·미네랄이 서로 맞물려야 기능합니다. 하나를 과하게 늘리는 것보다 전체 식단의 균형이 집중력과 기억력을 좌우합니다.

Q 아침에 탄수화물을 먹으면 집중력이 떨어질까요?

A 오히려 안정적인 탄수화물은 집중력에 도움이 됩니다. 뇌의 주 연료는 포도당이기 때문에 아침에 에너지가 부족하면 주의력과 사고 속도가 먼저 떨어집니다. 문제는 탄수화물 자체가 아니라 흡수 속도와 조합입니다.

Q 단백질은 고기만 먹어도 충분할까요?

A 아니요. 다양한 공급원이 필요합니다. 뇌는 단백질의 양보다 신경전달물질 합성에 필요한 아미노산의 조합을 중요하게 사용합니다. 그래서 여러 식품군에서 나누어 섭취하는 것이 유리합니다.

Q 등푸른생선은 왜 뇌에 좋다고 할까요?

A 지방의 종류가 다르기 때문입니다. 등푸른생선에 포함된 지방은 시냅스 구조와 신경 신호 전달에 직접 관여합니다. 이 지방은 뇌세포막의 유연성을 높여 정보 처리가 매끄럽게 이루어지도록 돕습니다.

Q 아이가 채소를 싫어하면 뇌 발달에 문제가 생길까요?

A 당장 문제가 생기지는 않습니다. 하지만 채소는 뇌세포를 보호하고 소모를 줄이는 역할을 합니다. 장기적으로 부족하면 뇌 피로가 쉽게 누적될 수 있습니다.

Q 과일은 간식으로만 먹는 게 좋을까요?

A 타이밍에 따라 역할이 달라집니다. 과일은 사용한 에너지를 보충하고 뇌의 피로를 해소하는 데 도움이 됩니다. 특히 활동 후나 집중이 떨어질 때 더 효과적입니다.

Q 우유를 못 먹는 아이는 뇌에 불리할까요?

A 그렇지 않습니다. 뇌에 필요한 영양은 특정 식품 하나가 아니라 식단 전체의 구성에서 충족됩니다. 우유를 못 먹더라도 다른 식품군으로 충분히 보완할 수 있습니다.

Q 견과류는 매일 먹어야 효과가 있을까요?

A 소량이라도 꾸준함이 중요합니다. 견과류는 즉각적인 각성 효과보다는 시냅스 환경을 안정적으로 유지하는 데 기여합니다. 그래서 '한 번에 많이'보다 '조금씩 자주'가 더 효과적입니다.

Q 땅콩은 콩인데 견과류처럼 먹어도 될까요?

A 영양적으로 견과류와 매우 비슷합니다. 지방과 단백질의 비율이 견과류와 비슷해 식생활에서는 견과류처럼 활용됩니다. 뇌 기능 측면에서도 같은 역할을 기대할 수 있습니다.

Q 잡곡밥이 항상 흰쌀밥보다 좋을까요?

A 아이의 상태에 따라 다릅니다. 잡곡은 에너지를 천천히 공급하지만, 아이의 씹기·소화·섭취량에 따라 오히려 에너지가 부족해질 수도 있습니다. 중요한 것은 먹을 수 있는 형태로 충분히 섭취하는 것입니다.

Q 뇌에 좋은 음식은 하루 중 언제 먹는 게 가장 효과적일까요?

A 영양소마다 역할이 달라 타이밍도 중요합니다. 뇌는 하루 종일 같은 방식으로 작동하지 않기 때문에 필요로 하는 영양도 시간대에 따라 달라집니다. 에너지를 빠르게 써야 하는 시간대에는 뇌 활동을 지탱하는 연료가 중요하고, 하루를 마무리하는 시간대에는 신경을 진정시키고 회복을 돕는 식사가 더 잘 작용합니다. 같은 음식이라도 언제 먹느냐에 따라 뇌가 사용하는 방식과 효과는 달라질 수 있습니다.

Q 브레인 푸드는 특별한 음식이어야 하나요?

A 아니요. 익숙한 식재료로 충분합니다. 뇌는 새로운 자극에 반응하기보다 반복적으로 예측 가능한 환경에서 더 안정적으로 기능합니다. 낯선 슈퍼푸드 한 가지보다 아이의 식탁에 자주 오르며 꾸준히 공급되는 식재료가 뇌 회로 형성과 유지에 더 의미 있게 작용합니다. 이 책에서 말하는 브레인 푸드는 특별한 재료를 더하는 것이 아니라 지금 우리 집 식탁에 올라오는 음식들을 조금 더 알고, 조금 더 의미 있게 선택하는 방식에 가깝습니다.

Part

3

식탁 위의 대화

아이들에게 식탁은 단순히 음식을 먹는 자리가 아닙니다. 일정한 시간, 익숙한 사람들, 과도하지 않은 분위기에서 이어지는 식사는 전두엽이 감정을 조율하는 힘을 기르는 경험이 됩니다. 편식 또한 고쳐야 할 문제가 아니라 아이의 발달 과정에서 나타나는 신호로 이해할 필요가 있습니다. 식탁은 새로운 음식을 받아들이는 가장 일상적인 무대입니다.

식사 시간은 '관계'와 '안정'을 먹이는 시간

아이의 뇌는 하루에도 수없이 많은 자극을 처리합니다. 소리와 움직임, 규칙과 또래 관계, 그리고 성취와 실패의 경험까지 모두 아이의 뇌에 입력됩니다. 특히 학령기 아이의 뇌는 감정을 스스로 조절하는 시스템이 아직 완전히 성숙하지 않았기 때문에 외부 환경의 변화에 더욱 민감하게 반응합니다. 이 시기의 아이에게 가장 필요한 것은 더 많은 정보나 훈육이 아니라, 뇌가 반복적으로 '지금은 안전하다'고 느낄 수 있는 시간입니다.

식사 시간은 뇌과학적으로 매우 의미 있는 순간입니다. 하루 중 비교적 일정한 시간에, 같은 공간에서, 익숙한 사람들과 함께하는 반복적인 식사 경험은 아이의 뇌에 예측 가능성을 제공합니다. 이 예측 가능성은 단순한 편의가 아니라 정서 안정을 위한 핵심 조건입니다. 뇌는 다음 상황을 예측할 수 있을 때 불필요한 경계 상태를 낮추고 감정을 조절하는 회로에 더 많은 에너지를 사용할 수 있게 됩니다.

안정 신호를 만드는 식사 환경

이 과정에는 자율신경계가 깊이 관여합니다. 안정적인 식사 환경은 교감신경의 과도한 각성을 낮추고 부교감신경이 활성화되기 쉬운 상태를 만듭니다. 이는 몸이 싸우거나 도망칠 필요가 없는 상태에 들어갔다는 신호이기도 합니다. 이러한 생리적 변화는 소화와 영양 흡수에만 영향을 미치는 것이 아니라 감정 반응의 강도를 조절하는 데에도 직접적으로 작용합니다.

아이들이 식사를 하면 점차 말이 줄어들고 어깨와 얼굴의 긴장이 풀리는 모습을 볼 수 있습니다. 단순히 배가 불러서 나타나는 변화가 아닙니다. 뇌가 '지금은 긴장하지 않아도 되는 시간'이라고 인식하면서 감정 반응의 볼륨을 스스로 낮추고 있기 때문입니다. 이러한 반복된 경험은 아이의 뇌에 안정 상태로 돌아오는 길을 기억하게 하는 연습이 됩니다.

관계 속에서 자라는 감정 조절의 토대

또 하나 중요한 요소는 관계입니다. 전두엽과 감정 조절 회로는 타인과의 상호작용 속에서 발달합니다. 같은 식탁에 함께 앉아 있는 것, 꼭 많은 말을 나누지 않더라도 같은 음식을 먹고 같은 시간을 보내는 경험 자체가 아이의 뇌에는 강력한 사회적 신호로 작용합니다.

이때 아이의 뇌는 '지금 이 공간은 안전하다', '나는 혼자가 아니다'라는 메시지를 반복적으로 받게 됩니다. 이러한 경험은 애착과 신뢰의 기반이 되어 감정이 흔들릴 때 다시 돌아올 수 있는 심리적 기준점을 만들어줍니다. 식탁에서 형성된 안정감은 식사 시간에만 머무르지 않고 아이의 일상 전반에서 감정을 조절하는 토대로 작용하게 됩니다.

식탁에서 배우는 감정의 리듬

아이는 이 시간에 음식과 함께 관계의 감각을 익히고, 정서적 안전을 경험하며, 하루 동안 쌓인 긴장을 내려놓는 리듬을 배웁니다. 씹고, 기다리고, 다른 사람의 속도에 맞추는 작은 행동 하나하나가 전두엽이 감정과 행동을 조율하는 연습이 됩니다.

완벽하게 균형 잡힌 식단이 아니어도 괜찮습니다. 메뉴가 단순해도, 때로는 간편한 음식이 식탁에 오르더라도, 같은 자리에서 같은 사람들과 반복되는 식사 경험은 그 자체로 아이의 뇌 발달에 의미 있는 자극이 됩니다. 아이의 뇌는 무엇을 먹었는지뿐 아니라 어떤 상태에서 먹었는지를 함께 기억합니다.

아이의 뇌는 말보다 환경에 먼저 반응합니다. 식탁은 훈육의 장소가 아니라, 하루 동안 흩어진 감정이 다시 정렬되는 공간입니다. 그리고 이러한 안정된 반복 위에서 감정을 조절하는 뇌의 능력은 서서히, 그러나 분명하게 자라나게 됩니다.

뇌의 감정 조절 시스템은 어떻게 작동하나

전두엽과 '감정 브레이크'

아이의 감정 조절 능력은 의지나 성격의 문제가 아닙니다. 이는 뇌 안에서 실제로 작동하는 신경 회로의 성숙도와 깊이 관련된 발달 과정입니다. 아이가 화를 참지 못하거나, 작은 자극에도 쉽게 흥분하고, 감정이 한 번 올라오면 가라앉기 어려워 보이는 이유는 대부분 뇌의 감정 조절 시스템이 아직 완전히 자라지 않았기 때문입니다.

감정 조절의 핵심에는 전두엽이 있습니다. 전두엽은 감정을 느끼지 않게 만드는 기관이 아니라 감정이 과도하게 치닫지 않도록 속도를 조절하는 역할을 합니다. 흔히 '브레이크'에 비유되는 이유도 여기에 있습니다. 반면, 감정을 빠르게 감지하고 즉각적으로 반응하는 변연계, 특히 편도체는 비교적 이른 시기에 활발히 작동합니다. 이 두 영역의 발달 속도가 다르기 때문에, 학령기 아이의 뇌에서는 엑셀은 잘 작동하지만 브레이크는 아직 미숙한 상태가 자연스럽게 나타납니다.

중요한 점은 전두엽의 기능이 말이나 훈육만으로 강화되지 않는다는 사실입니다. 감정 조절 능력은 설명을 듣고 이해한다고 해서 바로 생기지 않습니다. 대신, 감정이 올라왔다가 다시 안정되는 과정을 실제로 반복해서 경험할 때, 전두엽과 감정 회로 사이의 연결은 조금씩 단단해집니다. 이때 필요한 것은 감정을 억누르는 환경이 아니라, 감정이 지나가도 괜찮은 안전한 환경입니다.

식사 시간은 감정 조절을 연습하는 가장 일상적인 시간

식사 시간은 이러한 뇌의 연습이 자연스럽게 일어나는 대표적인 일상 장면입니다. 배고픔이라는 생리적 자극, 하루 동안 쌓인 감정, 그리고 가족과의 관계가 한자리에 모이는 시간 속에서 아이의 뇌는 감정과 행동을 조율하는 실제 훈련을 하게 됩니다. 조용히 앉아 음식을 씹고, 기다리고, 다른 사람의 속도에 맞추는 작은 경험 하나하나가 전두엽에게는 중요한 자극입니다.

이 과정에서 부모의 역할은 아이의 감정을 통제하는 사람이 아니라 이미 조절된 상태를 보여주는 존재입니다. 차분한 목소리, 급하지 않은 식사 리듬, 아이의 감정에 과도하게 반응하지 않는 태도는 말없이 전달되는 강력한 신호가 됩니다. 아이의 뇌는 이러한 분위기 속에서 감정을 조절하는 방식을 관찰하고 그대로 흡수합니다.

전두엽의 감정 브레이크는 하루아침에 완성되지 않습니다. 하지만 반복되는 일상 속에서, 특히 안정된 식탁과 같은 예측 가능한 환경 안에서 서서히 강화됩니다. 감정을 느끼고, 흘려보내고, 다시 평온으로 돌아오는 경험이 쌓일수록 아이의 뇌는 스스로를 조절하는 방법을 배워갑니다.

감정 조절은 가르쳐야 할 규칙이 아니라 함께 경험하며 자라게 되는 능력입니다. 그리고 그 가장 일상적이고 강력한 무대가 바로, 매일 마주하는 식탁입니다.

감정 조절을 돕는 식사 환경

아이의 전두엽이 감정을 조절하려면 먼저 감정이 과도하게 자극되지 않는 환경이 필요합니다. 전두엽은 소란스럽고 예측할 수 없는 상황에서는 제 기능을 발휘하기 어렵습니다. 감정이 먼저 치솟아 버리면 브레이크를 밟을 시간조차 갖지 못하기 때문입니다. 따라서 식사 시간의 환경은 아이에게 또 하나의 자극이 되기보다 하루의 긴장을 내려놓을 수 있는 완충지대가 되어야 합니다.

식탁에서의 자극을 줄이려면

TV 소리, 스마트폰 화면, 빠른 말투와 재촉은 모두 아이의 감정 회로를 자극합니다. 이러한 환경에서는 교감신경이 계속 활성화되어 전두엽이 차분하게 작동하기 어렵습니다. 식사 시간만큼은 화면을 끄고, 소리를 낮추며, 대화의 속도를 천천히 유지하는 것이 좋습니다. 조용해야 한다는 뜻은 아닙니다. 중요한 것은 예측 가능한 분위기와 과도하지 않은 자극입니다.

식사는 감정 조율을 경험하는 시간

아이의 전두엽은 기다림을 통해 자랍니다. 하지만 이 기다림은 압박 속에서 이루어질 때 오히려 역효과를 냅니다. "빨리 먹어", "왜 이렇게 느려"라는 말은 아이의 감정을 다시 자극합니다. 반대로 가족이 비슷한 속도로 음식을 먹고 아이의 리듬에 맞추어 식사가 진행될 때,

전두엽은 감정과 행동을 조율하는 연습을 자연스럽게 하게 됩니다. 식사 시간은 훈련의 시간이 아니라 조율을 경험하는 시간입니다.

말보다 먼저 전달되는 것은 '분위기'입니다

아이의 뇌는 말보다 분위기에 먼저 반응합니다. 부모의 표정, 목소리의 높낮이, 식탁의 리듬은 모두 아이에게 즉각적인 신호로 전달됩니다. 부모가 이미 안정된 상태로 식탁에 앉아 있을 때, 아이의 뇌는 그 상태를 기준으로 삼아 감정을 조절하려는 시도를 합니다. 특별한 설명이나 훈육 없이도 조절된 어른의 상태 자체가 아이에게는 가장 강력한 교과서가 됩니다.

완벽함보다는 반복이 더 중요합니다

매번 이상적인 식사 환경을 만들 필요는 없습니다. 때로는 피곤하고 식탁이 어수선할 수도 있습니다. 중요한 것은 완벽함이 아니라 반복성입니다. '대체로 이 시간은 편안하다'는 기억이 쌓일수록 아이의 뇌는 식탁을 안정의 장소로 인식하게 됩니다. 이 반복된 인식이 전두엽이 감정을 조절하는 데 사용할 수 있는 기반이 됩니다.

식사 환경을 바꾼다는 것은 아이를 통제하기 위해서가 아닙니다. 아이의 감정이 지나갈 수 있는 여유 공간을 마련해주는 일입니다. 그렇게 마련된 식탁 위에서 전두엽은 매일 조금씩 자신의 역할을 연습하게 됩니다. 그렇게 연습하다 보면 어느 날 아이가 스스로 감정을 조절하는 순간으로 이어지게 됩니다.

우리 집 식탁 루틴 만들기

아이의 감정과 식습관은 식탁에서 함께 자랍니다. 전두엽이 감정을 조절하는 힘도, 낯선 음식을 받아들이는 여지도 일상의 식사 장면 속에서 길러집니다. 무엇을 먹는지도 중요하지만, 식사가 어떤 흐름과 분위기 속에서 이루어지는지 역시 아이의 뇌에는 의미 있는 신호가 됩니다. 식탁 루틴은 이 시간을 일관된 경험으로 남기기 위한 작은 틀을 만드는 일입니다.

하루 한 끼면 충분합니다

모든 식사를 이상적으로 만들 필요는 없습니다. 하루 중 단 한 끼만이라도 비교적 여유가 있고 예측 가능한 식사 시간이 있다면 충분합니다. 그 한 끼가 아이의 뇌에는 안정의 기준점이 됩니다. 나머지 끼니가 조금 어수선해도 아이는 그 기준으로 다시 돌아올 수 있습니다.

늘 비슷한 '틀'을 유지합니다

식탁 루틴에서 중요한 것은 메뉴의 다양성이 아니라 익숙한 식사의 틀이 유지되는 것입니다. 어디에 앉는지, 어떤 순서로 식사가 시작되는지, 식사가 어떻게 마무리되는지가 대체로 비슷할수록 아이의 뇌는 긴장을 덜 느낍니다.

- 자리에 앉는다.

- 음식을 바라본다.

- 천천히 먹는다.

- 식사가 끝나면 자연스럽게 정리한다.

이 단순한 흐름이 반복될수록 전두엽은 감정과 행동을 조율하는 연습을 계속하게 됩니다.

중요한 것은 식사가 흘러간 정서적 흐름

아이의 식사는 매번 같은 결과로 끝나지 않습니다. 어떤 날은 잘 먹고, 어떤 날은 거의 손도 대지 않습니다. 중요한 것은 그 차이를 줄이는 것이 아니라 식사가 어떤 분위기에서 시작되고 어떻게 마무리되었는가입니다.

　아이의 뇌는 그날 먹은 양보다 식사가 흘러간 정서적 흐름을 기억합니다. 먹지 않았더라도 긴장 없이 식탁을 떠났다면 그 경험은 다음 식사를 위한 준비로 남습니다.

루틴은 '지키는 것'이 아니라 '되돌아오는 것'

아이의 뇌에게 식사 루틴은 '항상 이래야 한다'는 규칙이 아니라 '이 정도면 괜찮다'는 기준입니다. 식사 시간대가 조금 흐트러져도, 식탁이 어수선해도 그 기준이 잘 유지되었다면 아이의 뇌는 불안을 확대하지 않습니다. 이는 흔들려도 무너지지 않는 감정의 기준점이 됩니다.

편식은 고쳐야 할 '문제'가 아니라 이해해야 할 '신호'

아이의 편식은 종종 부모를 불안하게 만듭니다. '이렇게 먹어도 괜찮을까', '영양이 부족해지지 않을까', '혹시 내가 잘못하고 있는 건 아닐까'라는 걱정이 따라옵니다.

하지만 편식은 대부분 아이의 고집이나 의지의 문제가 아닙니다. 뇌의 입장에서 보면 편식은 '안전하다고 느끼는 범위 안에서 먹으려는 선택'에 가깝습니다. 아이의 뇌는 아직 낯선 자극을 조절하는 능력이 충분히 자라지 않았기 때문에 새로운 음식이나 익숙하지 않은 식감, 냄새를 위협으로 인식할 수 있습니다.

특히 감정을 빠르게 처리하는 편도체는 새로운 자극에 민감하게 반응합니다. 아이가 음식을 보기만 해도 고개를 돌리거나, 입을 굳게 다무는 행동은 '싫다'기보다 '아직 안전하지 않다'는 신호일 수 있습니다. 이때 억지로 먹이거나 설득하려고 하면 아이의 뇌는 식탁 전체를 긴장된 공간으로 기억하게 됩니다.

그래서 편식을 다룰 때 가장 중요한 목표는 먹게 만드는 것이 아닙니다. 식탁이 불안해지지 않도록 지키는 것입니다.

편식 앞에서 부모가 해도 되는 것
- 아이가 먹지 않더라도, 식탁에 함께 앉는 경험은 유지합니다.
- 새로운 음식은 먹어야 할 대상이 아니라 보여주는 대상으로 둡니다.
- 한 접시에 모든 음식을 섞지 않고, 선택할 수 있는 여지를 둡니다.

– 아이가 확실히 먹는 '안전 메뉴' 한 가지는 꼭 함께 제공합니다.

– '지금은 안 먹어도 괜찮다'는 메시지를 말과 분위기로 전달합니다.

이러한 접근은 아이에게 스스로의 통제감을 가질 기회를 줍니다. 주도권이 나에게 있다고 느낄 때, 뇌는 경계 상태를 낮추고 새로운 경험을 받아들일 여유를 갖게 됩니다.

편식 앞에서 하지 말아야 할 것

– 한 입이라도 먹게 하려고 애쓰지 않아도 됩니다.

– 다른 아이와 비교하지 않아도 됩니다.

– "이걸 안 먹으면 ○○ 못 해" 같은 조건을 붙이지 않아도 됩니다.

– 식탁에서 영양 설명이나 설득을 하지 않아도 됩니다.

– 오늘의 식사량으로 아이의 미래를 판단하지 않아도 됩니다.

편식이 있는 날의 식사도 아이의 뇌에는 하나의 경험으로 저장됩니다. 편식은 사라져야 할 적이 아니라 아이가 아직 준비 중이라는 신호입니다. 부모가 할 일은 그 신호를 없애는 것이 아니라 기다릴 수 있는 환경을 만드는 것입니다.

아이 행동·정서 패턴과 영양소 연결 (15가지)

아이의 행동·정서적 특징	관련 영양소	설명
집중력이 떨어지고 산만하다	철분, 아연, 오메가-3 지방산	철분은 도파민 활동에, 아연은 신경 신호 조절에, 오메가-3 지방산은 뇌세포막 안정에 관여 → 주의집중과 관련됨
불안감이 많고 쉽게 긴장한다	마그네슘, 비타민 B_6	마그네슘은 신경을 이완시키고, B_6는 세로토닌 합성에 필요 → 긴장 완화와 관련
우울하거나 기분 기복이 심하다	오메가-3 지방산, 비타민 D	오메가-3 지방산은 기분을 조절하는 신경 회로를 돕고, 비타민 D는 뇌 신호와 호르몬 균형에 필요
과잉행동(ADHD 유사 증상)이 나타난다	아연, 철분, 마그네슘	세 가지 영양소 모두 신경전달물질 조절과 흥분 억제에 관여 → 과잉행동 감소에 도움
수면의 질이 낮고 자주 깬다	칼슘, 마그네슘, 트립토판	이 영양소들은 멜라토닌·세로토닌 형성에 필요 → 숙면을 돕는 역할
학습능력이 저하되고 기억력이 떨어진다	철분, 요오드, 비타민 B군	철분은 해마 발달, 요오드는 갑상선 호르몬, B군은 뇌 에너지 대사와 관련
자주 짜증내고 충동적이다	혈당 불안정, 크롬	혈당 급상승·급강하가 기분 기복을 유발 크롬은 혈당 안정에 관여
스트레스에 취약하고 회복이 느리다	비타민 C, 오메가-3 지방산	비타민 C는 항산화·코르티솔 조절, 오메가-3 지방산은 정서 안정과 회복을 돕는 신경 전달 기능

아이의 행동·정서적 특징	관련 영양소	설명
쉽게 피로하고 의욕이 없다	철분, 비타민 B_{12}, 엽산	산소 운반과 에너지 생성에 필요한 영양소 → 부족 시 피로·무기력
통제력이 부족하고 공격성이 있다	단백질(트립토판), 비타민 B_6	트립토판이 세로토닌으로 전환되어 충동 억제에 관여. B_6는 대사 과정에 필요
감정 폭발이 잦고 분노 조절에 어려움이 있다	마그네슘, 칼슘	신경 흥분과 억제 균형을 유지하는 데 필수
사회적으로 위축되고 낯가림이 심하다	아연, 비타민 D	아연은 뇌 신경과 면역 균형, 비타민 D는 세로토닌 조절 → 사회적 행동과 관련
상상력이 떨어지고 창의적 놀이를 어려워한다	요오드, 철분	두 영양소는 뇌 성장과 언어·인지 발달에 관여
상처나 질병으로부터 회복이 느리다	단백질, 아연, 비타민 C	세포 회복과 면역 작용에 필요한 영양소
오후의 집중력이 급격히 떨어진다	복합탄수화물, 단백질, 좋은 지방	아침·점심 식사에서 균형 잡힌 영양소가 부족하면 혈당 변동으로 오후 집중력 저하가 나타남

아이의 행동과 정서적 패턴은 단순한 성격 문제가 아니라, 필수 영양소의 부족이나 불균형과도 깊은 관련이 있습니다. 연구들에 따르면 철분, 아연, 오메가-3 지방산, 비타민 D, 마그네슘, 요오드, 비타민 B군 등은 집중력·감정 안정·기억력·수면·사회성과 직결되어 있으며, 균형 잡힌 식습관이 곧 뇌 발달과 정서 발달을 동시에 돕는 기반이 됩니다.

Part

4

뇌 발달을 돕는 브레인 푸드 레시피

아이의 두뇌를 건강하게 키우는 식사는 특별한 재료보다 균형 잡힌 식탁에서 시작됩니다. 두뇌 발달에 도움이 되는 식재료를 활용해 집에서 쉽게 만들 수 있는 브레인 푸드 레시피를 소개합니다. 뇌를 깨우는 아침 밥상, 활력을 주는 점심 밥상, 에너지를 보충하는 간식, 하루를 마무리하는 저녁 밥상으로 나누어 아이의 성장 단계에 맞게 일상 식탁에서 활용할 수 있도록 구성했습니다.

1

뇌를 깨우는 아침 밥상

옥수수 아몬드 수프

고소하고 달콤해서 아침에 입맛이 없는 아이도 편안하게 먹을 수 있는 수프예요. 옥수수에 풍부한
복합 탄수화물과 비타민 B군은 밤사이 소모된 뇌의 에너지를 보충하고 집중력을 좋게 해줘요.

재료 (1인분)

양파 1/4개 (40g)
감자 1/2개 (75g)
옥수수 통조림 1컵 (120g)
아몬드 우유 1컵 (200mL)
올리브유 1큰술
파르메산 치즈가루 조금
소금 조금

이렇게 만들어요

1

양파와 감자는 양파는 잘게 썬다.

2

통조림 옥수수는 체에 밭쳐 물기를 뺀다.

3

냄비에 올리브유를 두르고 양파, 감자, 옥수수를 3~4분간 볶는다.

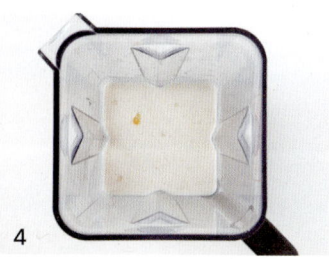

4

볶은 재료와 아몬드 우유를 블렌더에 넣고 곱게 간다.

5

냄비에 옮겨 약불에서 좀 더 끓인 뒤 소금으로 간한다. 다 되면 그릇에 담고 파르메산 치즈가루를 뿌린다.

고구마 치즈 오믈렛

달콤한 고구마와 고소한 치즈가 어우러져 아이들 입맛에 맞는 달걀 요리예요. 달걀과 치즈의 단백질과 콜린은 신경세포막 형성과 신경전달물질 합성을 도와 아침 집중력과 기억력을 유지할 수 있게 해줘요.

재료 (1인분)

고구마 1/2개 (120g)
브로콜리 1/4개 (75g)
슈레드 모차렐라 치즈 1/4컵 (25g)

달걀 2개
우유 1/4컵 (50mL)
버터 조금
소금 조금

tip

고구마는 뜨거울 때 으깨야 곱게 으깨어지고 치즈도 잘 녹아요.

이렇게 만들어요

1

고구마는 껍질을 벗기고 푹 삶아 뜨거울 때 곱게 으깨어 치즈와 함께 섞는다.

2

브로콜리는 송이를 나누어 끓는 물에 살짝 데친 뒤 잘게 다진다.

3

달걀, 우유, 소금을 잘 섞어 달걀물을 만든다.

4

팬에 버터를 녹인 뒤 달걀물을 부어 반쯤 익히다가, 가운데에 고구마 으깬 것과 다진 브로콜리를 올리고 반으로 접는다. 치즈가 완전히 녹을 때까지 1~2분 더 익힌다.

그릭 요거트 뮤즐리 볼

그릭 요거트의 단백질과 프로바이오틱스, 뮤즐리에 포함된 통곡물의 복합 탄수화물은 뇌 에너지를 서서히 보충해주고, 장을 튼튼하게 해줘요. 집에서 손쉽게 만들 수 있어서 더욱 건강하게 즐길 수 있어요.

재료 (1인분)

그릭 요거트
우유 2컵 (400mL)
플레인 요거트 1작은술

뮤즐리
오트밀 1/4 컵 (20g)
다진 견과류 1큰술
건과일 2큰술
메이플시럽 1큰술

이렇게 만들어요

뮤즐리

1
오트밀, 다진 견과류, 건과일, 메이플시럽을 잘 섞는다.

2
내열 팬에 종이 포일을 깔고 ①을 고루 펼친 뒤, 150℃의 에어프라이어에서 10분간 굽고 뒤집어서 다시 10분간 구워 뮤즐리를 만든다.

그릭 요거트

1
냄비에 우유를 넣고 약불에서 80℃ 정도까지 데운 뒤 불을 끄고 미지근하게 식힌다.

2
식힌 우유에 플레인 요거트를 넣어 잘 섞은 뒤 따뜻한 곳에서 6~8시간 발효시킨다.

3
면포 위에 ②를 부어 유청을 걸러낸 뒤 요거트는 용기에 담아 냉장고에 2~3시간 둔다.

4
작은 그릇에 그릭 요거트를 담고 뮤즐리를 올린다.

피스타치오 사과 오픈 샌드위치

피스타치오를 갈아서 버터처럼 빵에 바르고 사과를 얇게 썰어 올린 오픈 샌드위치예요. 피스타치오에 풍부한 불포화지방산과 비타민 E는 신경세포막을 건강하게 하고, 사과의 항산화 성분이 활성산소로부터 신경세포를 보호해 뇌 기능 유지에 도움을 줍니다.

재료 (1인분)

피스타치오 버터
무염 피스타치오 1컵 (170g)
올리브유 1½큰술

샌드위치
식빵 1장
사과 1/4개 (50g)
피스타치오 버터 1½큰술
시나몬 파우더 조금

이렇게 만들어요

1

2

블렌더에 피스타치오와 올리브유를 넣고 곱게 갈아 피스타치오 버터를 만든다.

사과는 껍질째 깨끗이 씻어 4등분한 뒤 씨를 도려내고 얇게 썬다.

3

4

식빵을 토스터에 구운 뒤 피스타치오 버터를 골고루 펴 바른다.

그 위에 사과를 가지런히 올리고 시나몬 파우더를 뿌린다.

베리베리 팬케이크

폭신폭신 부드러운 팬케이크는 아침 식사로 준비하기 좋아요. 팬케이크 위에 항산화 영양소가 풍부한 베리류 과일을 올려 맛과 영양을 높였어요. 풍부한 안토시아닌과 비타민 C가 뇌에 활력을 주고 하루 활동을 시작하는 데 도움을 줍니다.

팬케이크

밀가루 1컵
우유 3/4컵 (150mL)
달걀 1개
설탕 1큰술
베이킹파우더 1작은술
버터 15g

토핑

블루베리 한 줌 (50g)
딸기 3개 (50g)
메이플시럽 조금

이렇게 만들어요

1
블루베리와 딸기를 흐르는 물에 씻어 건진다. 딸기는 블루베리 크기 정도로 작게 썬다.

2
달걀, 우유, 설탕을 잘 섞는다.

3
밀가루와 베이킹파우더를 체에 내린 뒤 ②에 넣고 가볍게 섞어 팬케이크 반죽을 만든다.

4
달군 팬에 버터를 녹인 뒤 반죽을 한 국자씩 떠올려 지름 6~7cm 크기로 동그랗게 굽는다.

5
앞뒤로 노릇하게 구워지면 접시에 담고 블루베리와 딸기를 올린 뒤 메이플시럽을 곁들인다.

망고 바나나 스무디

항산화 비타민과 천연당이 풍부한 바나나를 코코넛밀크와 함께 갈아 만든 스무디예요. 바나나의
천연당은 아침 시간대 뇌에 에너지를 공급해주고, 코코넛의 지방산은 에너지로 사용되며 잠에서
깨어난 뇌의 활동을 부드럽게 활성화시켜요.

재료 (1인분)

망고 1/2개 (80g)
바나나 1/2개 (60g)
코코넛밀크 1컵 (200mL)

tip

덜 익은 망고는 실온에 3-7일 정도 두면 부드러워져서 스무디를 만들기에 좋아요.

이렇게 만들어요

망고는 씨 부위를 잘라내고 껍질을 벗긴 뒤 과육을 적당히 자른다.

바나나는 껍질을 벗기고 적당한 크기로 토막 낸다.

블렌더에 망고, 바나나, 코코넛 밀크를 넣고 곱게 간다.

완두콩 채소 수프

채소를 듬뿍 넣고 토마토소스로 맛을 내 달큰하면서도 새콤해요. 토마토, 당근, 콩에 풍부한 항산화 비타민과 철분, 식이섬유가 뇌에 필요한 영양을 천천히 채워주며 뇌세포를 보호하고 뇌의 신경전달을 안정적으로 유지할 수 있게 해요.

재료 (1인분)

양파 1/4개 (40g)
당근 1/4개 (30g)
감자 1/2개 (75g)
완두콩 통조림 40g

토마토 퓌레 1/2컵 (100mL)
물(또는 닭육수) 3컵 (600mL)
미니 파스타 30g

올리브유 1큰술
소금 조금
파르메산 치즈가루 조금

tip
수프용 미니 파스타가 없다면
스파게티를 잘게 잘라 써도
돼요.

이렇게 만들어요

양파, 당근, 감자는 껍질을 벗겨
씻은 뒤 양파는 다지고 당근과 감
자는 작게 썬다.

완두콩은 체에 건져 물기를 뺀다.

냄비에 올리브유를 두르고 채소
를 모두 넣어 소금으로 간하면서
3~4분간 볶는다.

③에 토마토 퓌레와 물을 넣고 끓
이다가 파스타를 넣고 중불로 줄
여 15분간 끓인다. 간은 소금으로
맞춘다.

그릇에 수프를 담고 파르메산 치
즈가루를 뿌린다.

게살 오트밀 죽

오트밀은 조리가 간단해 바쁜 아침에 활용하기 좋은 재료예요. 오트밀의 베타글루칸과 게살의 단백질, 아연은 뇌가 에너지를 안정적으로 쓰도록 돕고, 신경 전달이 원활히 이루어지게 해 아침 시간대 아이의 집중력을 높여줘요.

재료 (1인분)

오트밀 1/2컵 (30g)
대게살 또는 홍게살 60g
양파 1/4개 (40g)
물 1½컵 (300mL)
식물성기름 조금
소금 조금

이렇게 만들어요

양파는 껍질을 벗겨 잘게 다진다.

냄비에 식물성기름을 두르고 다진 양파와 게살을 넣어 볶는다.

②에 물을 붓고 끓이다가 오트밀을 넣는다.

보글보글 끓어오르면 약한 불로 줄여 눋지 않게 잘 저어가며 끓인다. 오트밀이 부드러워지면 소금으로 간하고 불을 끈다.

연두부 시금치 스크램블

달걀을 풀어서 연두부, 시금치와 함께 스크램블을 만들었어요. 연두부에 풍부한 식물성 단백질과 시금치에 풍부한 철분·엽산이 신경전달물질 생성과 뇌 산소 공급을 도와 공부하는 아이의 아침 식사로 준비하면 좋아요.

재료 (1인분)

두부 1모 (125g)

시금치 한 줌 (40g)

달걀 1개

올리브유 1작은술

소금 조금

이렇게 만들어요

1

2

시금치는 끓는 물에 살짝 데쳐서
찬물에 헹군 뒤 물기를 꼭 짜서
잘게 썬다.

연두부는 체에 밭쳐 물기를 빼고,
달걀은 곱게 풀어 둔다.

3

4

팬에 올리브유를 두르고 연두부와
시금치를 볶는다.

볶던 재료에 달걀물을 붓고 천천
히 저어 스크램블을 만든다. 마지
막에 소금으로 간한다.

낫토 주먹밥

낫토는 필수 아미노산과 이소플라본, 비타민 K가 풍부한 콩 발효 식품이에요. 발효 과정에서 생성된 생리활성 물질이 신경세포 대사와 뇌 영양 공급을 도와 아침 집중력 향상에 좋아요. 낫토를 넣고 비빈 밥을 김가루에 굴리면 아이들도 잘 먹어요.

재료 (1인분)

밥 1공기 (120g)
낫토 1팩
쯔유 1/2큰술
조미김 1장
참기름 조금

이렇게 만들어요

1

낫토를 젓가락으로 휘저어 끈기가 생기게 만든다.

2

비닐봉지나 지퍼백에 조미김을 넣고 부숴서 김가루를 만든다.

3

고슬고슬하게 지은 밥에 낫토, 쯔유, 참기름을 넣고 섞은 뒤 한입 크기로 동그랗게 빚어 주먹밥을 만든다.

4

빚은 주먹밥을 김가루 위에 굴려서 고루 묻힌다.

황태미역 누룽지죽

황태와 미역, 누룽지가 잘 어우러진 죽이에요. 황태의 질 좋은 단백질과 미역의 요오드·미네랄은
뇌 대사와 신경 전달 환경을 안정시키고 속을 따뜻하게 데워주며, 아침 시간대 아이의 집중과 정서
균형을 부드럽게 끌어올려 줘요.

재료 (1인분)

황태채 10g
마른미역 3g
누룽지 30g
물(또는 사골육수) 3컵
(600mL)

국간장 1/2작은술
참기름 1작은술
소금 조금

이렇게 만들어요

1

황태채는 물에 불려 물기를 짜고,
마른미역은 물에 푹 불린 뒤 체에
건져 물기를 뺀다.

2

냄비에 참기름을 두르고 황태채와
미역을 볶다가 물을 붓고 끓인다.

3

국물이 끓으면 누룽지를 넣고 누
룽지가 부드러워질 때까지 5분간
끓인다.

4

마지막에 국간장과 소금으로 간
한다.

모닝 달걀빵

부드러운 빵 속에 촉촉한 달걀이 통째로 들어 있어 아침 한 끼로 든든하게 즐길 수 있어요. 달걀에 풍부한 단백질과 콜린은 신경세포막 형성과 신경전달물질 합성을 도와 뇌 기능의 기초를 탄탄하게 하고, 뇌가 안정적으로 깨어날 수 있게 도와줘요.

재료 (1인분)

모닝빵 2개
작은 달걀 2개
슈레드 모차렐라 치즈 2큰술
(15g)

이렇게 만들어요

1

모닝빵 윗부분을 잘라내고 속을 뜯어낸다.

2

빵 속에 달걀을 하나씩 깨뜨려 넣는다.

3

달걀이 덮이도록 슈레드 치즈를 고루 올린다.

4

에어프라이어 160℃에서 달걀이 익을 때까지 8~10분간 굽는다.

견과류 멸치주먹밥

잔멸치와 고소한 견과류를 함께 볶아서 주먹밥을 만들면 영양도 뛰어나고 아이들이 하나씩 집어 먹기도 좋아요. 멸치의 DHA와 칼슘, 견과류의 불포화지방산은 신경세포 간 정보 전달과 뇌 에너지 대사에 관여해 함께 활용하기 좋은 영양 조합입니다.

재료 (1인분)

밥 1공기 (120g)
잔멸치 2큰술 (10g)
다진 견과류 1큰술
간장 1작은술
참기름 1작은술
올리브유 조금
소금 조금
통깨 조금

이렇게 만들어요

1

잔멸치는 체에 밭쳐 가루를 털어
낸 다음 달군 팬에 올리브유를 두
르고 볶는다.

2

다진 견과류를 넣고 함께 볶다가
간장으로 간을 한다.

3

밥에 볶은 멸치와 견과류를 넣고
참기름, 소금, 통깨로 맛을 내 고
루 섞는다.

4

멸치, 견과류가 고루 섞인 밥을
한입 크기로 동그랗게 빚어 주먹
밥을 만든다.

에그 샐러드 베이글 샌드위치

삶은 달걀과 감자를 으깨서 만든 에그 샐러드를 베이글에 발라 영양도 보충하고 속도 든든한 메뉴입니다. 달걀의 콜린과 감자의 복합 탄수화물은 뇌세포막 형성과 신경전달물질 합성을 돕고, 안정적인 에너지 공급을 도와줘요.

베이글 1개
감자 1개 (150g)
달걀 2개
마요네즈 2큰술
플레인 요거트 1큰술
버터 조금
소금 조금

tip

베이글 대신 식빵이나 모닝빵
을 활용해도 좋아요.

이렇게 만들어요

1 감자는 껍질을 벗겨 토막을 낸 뒤
끓는 물에 푹 삶는다.

2 달걀은 끓는 물에 10분 정도 완
숙으로 삶아 껍질을 벗긴다.

3 삶은 달걀과 감자를 넣고 곱게 으
깬 뒤 마요네즈, 요거트, 소금을
넣고 섞어 에그 포테이토 샐러드
를 만든다.

4 베이글 빵을 반 갈라 버터를 얇게
바른 뒤, 한 면에 에그 포테이토
샐러드를 듬뿍 올리고 나머지 빵
으로 덮는다.

닭죽

닭죽에 팽이버섯을 넣어 영양을 더한 아침 죽이에요. 팽이버섯의 베타글루칸과 항산화 성분은 뇌 세포 손상으로부터 보호하고 뇌 건강을 지키는 보조 역할을 해요.

재료 (1인분)

밥 1공기 (120g)
닭가슴살 1쪽 (120g)
팽이버섯 1/2봉 (50g)
대파 1/2대 (30g)
마늘 2쪽 (10g)
생강 조금 (3g)
참기름 1작은술
소금 조금
물 5컵

tip
쌀 대신 남은 밥을 이용하면 조리 시간을 단축할 수 있어요.

이렇게 만들어요

1 팽이버섯은 물에 살짝 씻어 물기를 꼭 짠 뒤, 밑동을 제거하고 적당한 크기로 자른다. 대파와 마늘, 생강은 통으로 준비한다.

2 냄비에 닭고기, 대파, 마늘, 생강, 물을 넣고 중불에서 15분간 끓인다. 닭고기는 건져 잘게 찢고, 국물은 체에 걸러 육수 3컵을 남긴다.

3 냄비에 육수와 밥을 넣고 중불에서 끓이다가 밥알이 퍼지기 시작하면 찢은 닭고기와 팽이버섯을 넣는다.

4 약불로 줄여 바닥이 눋지 않게 저어가며 되직해질 때까지 끓인다. 마지막에 참기름, 소금으로 맛을 낸다.

2

활력을 주는 점심 밥상

화이트 라구 통밀 파스타

소고기가 듬뿍 들어간 깊은 맛의 파스타입니다. 소고기의 단백질은 뇌 신경세포와 신경전달물질 생성에 필요한 성분이고, 철분은 산소 운반과 뇌 활동 에너지 공급, 집중력과 기억력 향상에 도움을 줘요.

재료 (1인분)

다진 소고기 80g
통밀 링귀니 100g
양파 1/4개 (40g)
다진 마늘 1작은술
우유 1컵 (200mL)
파르메산 치즈가루 2큰술
올리브유 1큰술
소금 조금

이렇게 만들어요

1

소고기는 다짐육으로 준비하고,
양파는 잘게 다진다.

2

파스타는 끓는 물에 소금을 넣고
10분간 삶아 체에 건진다.

3

올리브유 두른 팬에 다진 양파와
다진 마늘을 볶다가 소고기를 넣
고 볶는다. 고기가 익으면 우유를
넣고 약한 불에서 끓인다.

4

③에 소금, 파르메산 치즈가루를
넣고 걸쭉해질 때까지 끓인 뒤 삶
은 파스타를 넣고 양념이 잘 배도
록 섞는다.

캐슈너트 참치 크로켓 샌드위치

바삭하게 튀긴 참치 크로켓 속에 고소한 캐슈너트 씹히는 맛이 좋은 샌드위치예요. 참치에 풍부한 DHA와 단백질, 캐슈너트의 불포화지방산과 미네랄은 신경세포 간 정보 전달을 돕고 집중력을 유지할 수 있게 해요.

재료 (1인분)

식빵 2장
참치 통조림 80g
감자 1/2개 (80g)
캐슈너트 7~8알
밀가루 1큰술
달걀 1개
빵가루 2큰술
올리브유 1큰술
마요네즈 1작은술
소금 조금

이렇게 만들어요

감자는 껍질을 벗겨 삶고, 참치는 체에 밭쳐 기름을 제거한다. 캐슈너트는 잘게 다진다.

삶은 감자를 으깨어 참치, 다진 캐슈너트, 소금과 섞어 반죽한 뒤 식빵 크기로 납작하게 눌러 모양을 잡는다.

②의 크로켓 반죽에 밀가루를 묻힌 뒤 곱게 푼 달걀물에 담갔다가 건져 빵가루를 묻힌다. 빵가루가 떨어지지 않게 꼭꼭 눌러 올리브유를 두른 팬에 앞뒤로 노릇하게 굽는다.

빵 한 쪽에 마요네즈를 바르고 구운 크로켓을 올린 뒤 나머지 빵으로 덮는다.

미니 치즈버거

모닝빵으로 만들어 아이들이 먹기 좋은 작고 귀여운 버거예요. 단백질이 풍부한 돼지고기 패티에 빵의 탄수화물, 토마토와 양상추를 더해 영양과 에너지가 균형 있게 들어 있어요. 돼지고기 대신 소고기로 패티를 만들어도 좋아요.

재료 (1인분)

모닝빵 1개
마요네즈 1큰술

돼지고기 패티
다진 돼지고기 80g
양파 1/4개 (40g)
다진 마늘 조금
소금 조금
버터 조금

토마토 1/4개 (50g)
양상추 1장 (40g)
에멘탈 치즈(슬라이스) 1/2장
토마토케첩 1큰술

이렇게 만들어요

1

양파는 다지고, 토마토는 둥글게 슬라이스한다. 양상추는 모닝빵 크기로 자른다.

2

다진 돼지고기, 다진 양파, 다진 마늘, 소금을 잘 섞어 치댄 뒤 동글납작하게 빚어 패티를 만든다.

3

모닝빵을 위아래로 반 잘라 팬에 살짝 구운 뒤 마요네즈를 바른다.

4

팬에 버터를 녹인 뒤 패티를 앞뒤로 굽는다. 패티가 뜨거울 때 치즈를 패티 위에 올려 녹인다.

5

자른 빵 한쪽에 양상추를 깔고 패티와 치즈, 토마토를 올린 뒤 케첩을 뿌리고 다른 빵 한쪽으로 덮는다.

토마토 육개장

매콤한 육개장에 토마토의 산뜻한 맛이 더해져 자극적이지 않고 아이들이 먹기에 좋아요. 토마토의 리코펜과 비타민 C, 고기의 단백질과 철분은 뇌세포를 산화 스트레스로부터 보호하고 신경 전달 환경을 안정시켜줘요.

재료 (1인분)

소고기 양지머리 150g
물 5컵
토마토 2개 (300g)
숙주 1줌 (30g)
양파 1/4개 (40g)
대파 1대 (60g)

다진 마늘 1작은술
고춧가루 1작은술
들기름 1큰술
국간장 1큰술
소금 조금

tip

매운 음식을 못 먹는 아이에게는 아삭이고추로 만든 고춧가루를 이용해보세요. 색깔은 빨갛지만 매운맛이 없어서 아이들 음식 만들 때 유용해요.

이렇게 만들어요

1 소고기는 덩어리 고기로 준비해 물 5컵을 붓고 삶아 익힌 뒤 잘게 찢고, 육수 3컵을 남긴다.

2 토마토는 끓는 물에 살짝 데쳐서 찬물에 담가 껍질을 벗긴 뒤 잘게 다진다.

3 숙주는 깨끗이 씻어 물기를 빼둔다. 양파는 채 썰고, 대파는 어슷 썬다.

4 냄비에 들기름을 두르고 다진 마늘과 고춧가루를 약불에서 볶아 고추기름을 만든다.

5 냄비에 육수, 찢은 소고기, 숙주, 양파, 대파를 넣어 끓이다가 다진 토마토를 넣고 좀 더 끓인다. 국간장과 소금으로 간을 한다.

오렌지 치킨 덮밥

바삭하게 튀긴 닭다리살을 상큼한 오렌지 소스에 버무려 따뜻한 밥 위에 올린 덮밥이에요. 오렌지 주스와 꿀로 단맛을 내 아이들 입맛에 잘 맞아요. 닭고기에 풍부한 단백질과 비타민 B_6는 신경전달 물질 합성에 필요한 영양소를 제공합니다.

재료 (1인분)

닭다리살 200g
녹말가루 2큰술
식물성기름 1큰술

오렌지 소스
오렌지주스 80mL
간장 1큰술
꿀 1큰술
식초 1작은술
다진 마늘 1/2작은술
생강즙 1/2작은술
녹말가루 1큰술
물 1/2컵

이렇게 만들어요

1

닭고기는 한입 크기로 썰어 녹말
가루를 고루 묻힌다.

2

달군 팬에 식물성기름을 두르고 닭
고기를 앞뒤로 노릇하게 굽는다.

3

냄비에 분량의 소스 재료를 모두
넣고 끓여 오렌지 소스를 만든다.

4

구운 닭고기에 오렌지 소스를 넣
고 고루 섞은 뒤 밥 위에 올린다.

삼겹살과 두부견과 쌈밥

한창 자라는 아이들에게는 에너지의 원천인 삼겹살을 건강하게 준비해주세요. 부드러운 두부와 고소한 견과류를 섞어 만든 고소한 쌈장을 곁들였어요. 두부의 식물성 단백질은 장시간 집중이 필요한 뇌에 안정적인 연료 역할을 해요.

재료 (1인분)

밥 1공기 (120g)
삼겹살 100g
상추 8~10장

두부견과 쌈장
두부 80g
다진 견과류 1큰술
된장 2큰술
고추장 1큰술
꿀 1/2작은술
참기름 1/2작은술

이렇게 만들어요

두부는 물기를 닦아 으깨고, 상추
는 깨끗이 씻어 물기를 턴다.

으깬 두부와 다진 견과류, 된장,
고추장, 꿀, 참기름을 모두 섞어
견과류 쌈장을 만든다.

팬에 삼겹살을 구운 뒤 키친타월
에 올려 기름을 제거한다.

상추 위에 밥 한 숟가락을 올리고
구운 삼겹살과 쌈장을 얹어 잘 오
므린다.

카레 우동

잘 익힌 여러 가지 채소와 카레가 어우러진 한 끼예요. 평소 아이들이 잘 먹지 않는 채소도 맛있게 골고루 먹일 수 있어요. 가지·토마토·애호박에 풍부한 항산화 성분과 식이섬유는 뇌세포를 산화 스트레스로부터 보호하고 에너지가 고르게 유지되도록 돕습니다.

재료 (1인분)

우동 생면 200g
양파 1/4개 (40g)
당근 1/4개 (30g)
가지 1/2개 (50g)
애호박 1/4개 (45g)
카레가루 3큰술
물 1½컵 (300mL)
올리브유 조금

이렇게 만들어요

1 양파, 당근, 가지, 애호박은 깨끗이 손질해서 깍둑 썬다.

2 우동면은 끓는 물에 1~2분간 삶은 뒤 찬물에 헹궈 체에 밭쳐 물기를 뺀다.

3 냄비에 올리브유를 두르고 채소를 넣어 볶는다.

4 채소가 반쯤 익으면 물을 붓고 끓이다가 카레가루를 풀어 넣고 좀더 끓인다.

5 다 되면 그릇에 우동을 담고 카레를 떠서 얹는다.

참치 백김치볶음 김밥

아삭한 백김치와 담백한 참치가 어우러진 볶음밥으로 김밥을 말아 한입 크기로 썰었어요. 아이와 함께 외출할 때 도시락으로 간편하게 준비하기 좋아요. 백김치의 발효 성분은 뇌세포막 건강과 장-뇌 신호 흐름에 긍정적으로 작용해요.

재료 (1인분)

밥 1공기 (120g)
참치 통조림 50g
백김치 60g
양파 1/4개 (40g)
버터 5g
간장 1/2큰술
참기름 1/2작은술
김밥 김 1장

이렇게 만들어요

참치는 체에 밭쳐 기름을 제거한다. 백김치는 물기를 꼭 짜서 잘게 다지고, 양파도 잘게 다진다.

팬에 버터를 녹여 참치, 다진 백김치, 다진 양파를 넣고 볶다가 간장으로 간한다.

밥을 넣고 골고루 섞이도록 볶는다. 다 되면 불을 끄고 참기름을 섞은 뒤 한 김 식힌다.

김 위에 볶음밥을 고르게 펼친 뒤 단단히 말아 한입 크기로 썬다.

들기름 메밀국수

담백한 메밀국수를 향긋한 들기름과 감칠맛이 좋은 쯔유에 비빈 국수예요. 채 썬 달걀지단까지 더해 영양은 물론 색감까지 살렸어요. 메밀에 들어 있는 루틴과 들기름의 오메가-3 지방산은 집중력 향상에 도움을 줘요.

재료 (1인분)

메밀면 70g
달걀 1개
조미김 1/2장
들기름 2큰술
쯔유 2작은술
식물성기름 조금
깨소금 조금
소금 조금

이렇게 만들어요

1. 달걀은 소금을 조금 넣고 곱게 푼 뒤 달군 팬에 기름을 두르고 지단을 부친다. 얇게 부쳐지면 식혀서 채 썬다.

2. 비닐봉지에 김을 넣고 부숴서 김가루를 만든다.

3. 끓는 물에 메밀면을 넣고 4~5분 간 삶아 찬물에 여러 번 헹군 뒤 체에 밭쳐 물기를 뺀다.

4. 메밀면을 쯔유와 들기름으로 비벼 맛을 낸다.

5. 비빈 메밀면을 그릇에 담고 달걀 지단, 김가루를 올리고 깨소금을 뿌린다.

두부조림 덮밥

들기름에 구워 간장 양념장으로 조린 두부를 따뜻한 밥 위에 얹어서 먹는 덮밥이에요. 재료와 조리법이 간단해서 시간 없는 날 손쉽게 만들 수 있어요. 두부에 풍부한 식물성 단백질과 칼슘은 두뇌 활동을 담당하는 신경세포가 원활히 작동하도록 돕는 영양소예요.

재료 (1인분)

밥 1공기 (120g)
두부 1/3모 (100g)
대파 1/2대 (30g)
다진 마늘 1/2작은술
들기름 1큰술
간장 1큰술
올리고당 1작은술

이렇게 만들어요

1 두부 1/3모를 준비해 1cm 두께로 납작하게 썬 뒤 키친타월로 물기를 닦는다. 대파는 송송 썬다.

2 달군 팬에 들기름을 두르고 두부를 앞뒤로 노릇하게 굽는다.

3 간장, 올리고당, 대파, 다진 마늘을 섞어 조림장을 만든 뒤 ②에 넣고 간이 배도록 조린다.

4 그릇에 밥을 담고 두부조림을 얹는다.

닭곰탕

추운 겨울에는 몸을 따뜻하게 하고 한여름에는 더위를 달래주는 음식이 닭곰탕이죠. 닭 한 마리 대신 닭다리로만 끓여 손질하기가 간편해요. 닭고기의 단백질과 아미노산, 국물에 녹아든 미네랄이 뇌 에너지 대사와 신경 전달이 원활히 이루어지도록 도와줘요.

재료 (1인분)

닭다리 2개 (280g)
대파 1대 (60g)
마늘 2쪽 (10g)
생강 1쪽 (6g)
물 3컵 (600mL)
소금 조금

이렇게 만들어요

1

대파 1대를 반으로 나눠 반은 송송 썰고 반은 통으로 준비한다. 마늘과 생강도 통째로 준비한다.

2

끓는 물에 닭다리를 넣고 살짝 데쳐서 건진다.

3

냄비에 데친 닭과 물을 안치고 대파, 마늘, 생강을 넣어 끓인다. 팔팔 끓으면 중불로 줄여 20~25분 끓인다. 중간중간 거품을 걷어낸다.

4

닭고기가 무르게 익으면 건져서 살만 발라 잘게 찢고 대파, 마늘, 생강은 건져낸다.

5

닭고기 국물에 찢은 닭살을 다시 넣고 좀 더 데운 뒤 그릇에 담고 송송 썬 대파와 소금을 넣어 맛을 낸다.

마늘새우 볶음밥

탱글탱글한 새우와 마늘의 향이 살아 있는 감칠맛 나는 볶음밥이에요. 새우에 풍부한 단백질과 아연이 뇌 기능을 유지할 수 있게 하고, 마늘의 항산화 성분이 피로가 쌓이는 것을 줄여 점심 이후에도 집중력이 자연스럽게 이어지도록 도와줘요.

재료 (1인분)

밥 1공기 (120g)
냉동새우 10~12마리 (80g)
마늘 3쪽 (15g)
버터 5g
간장 2작은술
올리브유 조금

이렇게 만들어요

냉동새우는 찬물에 담가 해동한
뒤 체에 밭쳐 물기를 제거한다.

마늘은 굵게 다진다.

팬에 올리브유를 두르고 다진 마
늘을 넣어 타지 않도록 재빨리 볶
는다.

새우를 넣고 볶다가 밥과 버터, 간
장을 넣어 잘 섞어가며 볶는다.

코티지 치즈 토마토 파스타

잘 익은 토마토 퓌레로 만든 파스타에 홈메이드 코티지 치즈를 곁들였어요. 토마토에 풍부한 리코펜
과 비타민 C는 뇌세포 보호와 신경 전달 환경을 좋게 해 점심 이후 집중력이 유지되도록 도와줘요.

재료 (1인분)

코티지 치즈
우유 2컵 (400mL)
생크림 1/4컵 (50mL)
레몬즙 1작은술

토마토 파스타
펜네 100g
토마토 퓌레 1컵 (200mL)
마늘 1쪽
올리브유 1큰술
소금 조금

tip ─────────
토마토 퓌레에 신맛이 너무
강하다면 설탕을 조금 넣어도
좋아요.

이렇게 만들어요

코티지 치즈

1

냄비에 우유와 생크림을 넣고 약
불에서 80℃ 정도로 데우다가 레
몬즙을 넣고 저어가며 5분 정도
더 끓인다.

2

면포를 올린 체에 걸러 유청을 분
리한 뒤 치즈는 냉장고에 둔다.

토마토 파스타

1

펜네는 끓는 물에 소금을 넣고 11
분간 삶은 뒤 체에 밭쳐 물기를
뺀다.

2

마늘은 잘게 다진 뒤 달군 팬에
올리브유를 두르고 볶는다.

3

토마토 퓌레를 넣고 5분간 끓이
다가 소금으로 간해 파스타 소스
를 완성한다.

4

③에 파스타를 넣고 양념이 잘 배
도록 섞어가며 조린다. 접시에 담
고 코티지 치즈를 올린다.

돼지고기와 명란 유부초밥

달콤 짭짤하게 볶은 돼지고기 소보로와 부드러운 명란 에그 스크램블을 유부 위에 올려, 한 끼에 두 가지 맛을 즐길 수 있어요. 돼지고기는 다른 육류에 비해 두뇌 발달에 중요한 비타민 B₁이 풍부 해요.

재료 (1인분)

밥 1공기 (120g)
유부 6장
소금 조금
깨소금 · 참기름 조금씩

돼지고기 소보로

다진 돼지고기 60g
간장 1작은술
올리고당 조금
식물성기름 조금

명란 에그 스크램블

달걀 2개
명란 20g
식물성기름 조금

이렇게 만들어요

다진 돼지고기를 간장, 올리고당으로 양념한 뒤 기름 두른 팬에 포슬포슬하게 볶아 돼지고기 소보로를 만든다.

명란은 알만 꺼내고 달걀은 곱게 푼 뒤 기름 두른 팬에 함께 볶아 명란 에그 스크램블을 만든다.

따뜻한 밥에 소금, 깨소금, 참기름을 넣고 잘 섞는다.

양념한 밥을 유부에 꼭꼭 눌러 담은 뒤 3개는 돼지고기 소보로를 올리고, 나머지 3개는 명란 에그 스크램블을 올린다.

훈제오리 양배추롤밥

밥 위에 훈제오리와 오이, 파프리카를 올리고 양배추 잎으로 돌돌 만 롤이에요. 오리고기의 단백질과 불포화지방산, 양배추의 풍부한 비타민과 항산화 성분은 뇌 에너지를 균형 있게 사용할 수 있도록 도와줘요.

밥 1공기 (120g)
훈제오리 슬라이스 100g
양배추 5장 (100g)
오이 1/3개 (60g)
파프리카 1/4개 (50g)

허니머스터드 소스
마요네즈 1큰술
디종 머스터드 1/2큰술
플레인 요거트 1/2큰술
꿀 1작은술

tip
양배추의 심지 부분은 잘라내
야 돌돌 말기 편해요.

이렇게 만들어요

1

2

오이는 깨끗이 씻은 뒤 4cm 길이
로 토막 내서 가늘게 채 썬다. 파
프리카는 꼭지와 씨를 잘라내고
같은 길이로 채 썬다.

양배추는 끓는 물에 숨이 죽을 정
도로 데쳐서 식혀 물기를 살짝 짠
다음 5cm 정도 폭으로 길게 자
른다.

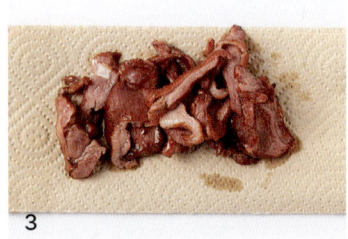

3

4

훈제오리는 팬에 구운 뒤 키친타
월에 올려 기름을 제거한다.

양배추 위에 밥을 한 수저 올리고
훈제오리, 오이, 파프리카를 올린
뒤 돌돌 말아 감싼다.

5

허니머스터드 소스를 만들어 양
배추롤밥에 곁들인다.

3

에너지를 보충하는 간식

단호박 찜케이크

은은한 단맛이 나는 단호박을 촉촉하게 쪄낸 찜케이크예요. 오븐 없이도 만들 수 있어 집에서 간단하게 준비하기 좋은 간식이에요. 단호박에 풍부한 베타카로틴과 식이섬유는 뇌세포를 산화 스트레스로부터 보호해줘요.

재료 (1인분)

단호박 1개 (200g)
달걀 1개
우유 1/2컵 (100mL)
꿀 1큰술
밀가루 1/2컵
베이킹파우더 1작은술
소금 조금
다진 견과류 조금

이렇게 만들어요

1
단호박은 통째로 전자레인지에 10분 정도 익힌 뒤 반으로 자른다. 씨는 제거하고, 속을 100g만 숟가락으로 파내 뜨거울 때 으깬다.

2
달걀을 곱게 푼 뒤 으깬 단호박과 우유, 꿀을 넣어 섞는다. 곱게 섞이면 밀가루, 베이킹파우더, 소금을 넣고 섞어 반죽을 만든다.

3
내열 용기에 반죽의 70%만 채운 뒤 찜기에 물을 붓고 끓인다. 찜기의 물이 끓으면 중불에서 12~15분간 찐다.

4
속까지 고루 익으면 꺼내서 접시에 담고 위에 다진 견과류를 올린다.

블루베리 바나나 아사이 볼

잘 익은 블루베리와 짙은 보랏빛의 아사이베리 퓌레를 곱게 갈아 그래놀라 토핑을 더했어요. 아이 스크림 대신 건강한 간식으로 활용하면 좋아요. 아사이베리에 풍부한 안토시아닌은 세포 손상을 막고 면역력을 강화시켜줘요.

냉동 아사이베리 퓌레 100g
블루베리 1/2컵
바나나 1/2개
그래놀라 1/4컵 (30g)
다진 견과류 1큰술
플레인 요거트 2큰술
우유 1/2컵 (100mL)
꿀 조금

tip

냉동 아사이베리 퓌레는 해동
하지 않고 그대로 갈아야 농도
가 묽어지지 않고 꾸덕한 스무
디 질감을 유지할 수 있어요.

이렇게 만들어요

1 바나나는 껍질을 벗기고 슬라이스
한다.

2 블루베리는 물에 씻은 뒤 체에 받
쳐 물기를 제거한다.

3 블렌더에 아사이베리 퓌레, 요거
트, 우유를 넣고 간다.

4 디저트용 볼에 ③을 담고 바나나,
블루베리, 그래놀라, 다진 견과류
를 올린 뒤 꿀을 뿌린다.

씨앗 통밀 호떡

통밀가루로 반죽하고 속재료에 고소한 씨앗과 새콤한 크랜베리를 더해 영양이 업그레이드된 호떡이에요. 통밀에 들어 있는 복합 탄수화물과 씨앗류의 지방, 크랜베리의 항산화 성분은 오후 들어 뇌에너지가 급하게 떨어지지 않게 도와줘요.

재료 (1인분)

반죽

통밀가루 1컵 (120g)
이스트 1작은술
소금 조금
미지근한 물 1/2컵 (100mL)

속재료

건 크랜베리 2큰술
해바라기씨·호박씨 한 줌씩
황설탕 2큰술

올리브유 1큰술

tip

손에 기름을 발라가면서 반죽
하면 달라 붙지 않아요.

이렇게 만들어요

1

통밀가루, 이스트, 소금을 한데 섞
고 미지근한 물로 반죽한다.

2

반죽에 비닐랩을 덮어 따뜻한 곳
에서 40분간 발효시킨다.

3

반죽을 둘로 나누어 납작하게 편
뒤 섞어둔 속재료를 올리고 감싸
동그랗게 빚는다.

4

달군 팬에 올리브유를 두르고 반
죽을 올려 납작하게 눌러가며 앞
뒤로 노릇하게 굽는다.

오트밀 바나나 브레드

밀가루 대신 오트밀을 갈아 넣고 설탕 대신 바나나의 천연당만으로 맛을 내 건강하게 즐길 수 있는 간식이에요. 바나나의 천연당과 오트밀에 풍부한 베타글루칸은 뇌 에너지를 급격하게 올리지 않으면서도 안정적으로 보완해줍니다.

바나나 1개 (100g)
버터 40g
달걀 1개
우유 1/2컵 (100mL)
설탕 3큰술

오트밀 1/2컵 (40g)
밀가루 1/2컵
베이킹파우더 1/2작은술
소금 조금

tip

베이킹을 할 때는 갈변한 바나나를 사용해도 좋아요. 갈변한 바나나는 설탕 없이도 충분히 단맛을 낼 수 있어요.

이렇게 만들어요

1 오트밀은 블렌더에 곱게 갈고, 바나나는 으깨어둔다.

2 실온에서 녹인 버터를 거품기로 저어 크림 상태로 만든다.

3 버터에 달걀, 우유, 설탕을 넣고 섞은 뒤 으깬 바나나를 섞는다.

4 ③의 반죽에 오트밀 가루, 밀가루, 베이킹파우더, 소금을 넣고 살살 섞어준다.

5 파운드 틀에 반죽을 70%만 담고, 170℃ 오븐에서 22~25분간 굽는다.

떠먹는 하와이안 피자

잘게 썬 파인애플과 치즈, 햄을 겹겹이 담아 숟가락으로 편하게 떠먹을 수 있게 만든 피자입니다. 치즈와 햄의 단백질, 파인애플의 천연당과 비타민은 두뇌 활동으로 소모된 에너지를 채워주고 오후의 컨디션을 유지할 수 있게 해줘요.

토르티야 2장
양파 1/4개 (40g)
토마토 1/2개 (100g)
옥수수 통조림 (30g)
파인애플 통조림 (50g)
토마토 파스타 소스 1/2컵
(100mL)
슈레드 모차렐라 치즈 1/2컵
(50g)

이렇게 만들어요

양파와 토마토는 깨끗이 손질해
잘게 다진다.

옥수수는 체에 밭쳐 물기를 제거
하고, 파인애플은 먹기 좋은 크기
로 자른다.

오븐 용기에 토르티야를 작게 찢
어서 평평하게 깔고 토마토 파스
타 소스를 골고루 바른다.

그 위에 치즈를 뿌리고 양파, 토
마토, 옥수수, 파인애플을 올린
뒤 다시 치즈를 뿌린다.

에어프라이어 온도를 180℃로 맞
추어 치즈가 녹을 때까지 8~10분
간 굽는다.

고구마 크룽지

찐 고구마를 쌀가루, 우유, 버터와 섞어서 반죽해 바삭하게 구웠어요. 고구마의 복합 탄수화물과 식이섬유는 에너지를 천천히 보충해줘서 아이들 간식에 다양하게 활용하면 좋아요. 넉넉히 만들어 두었다가 건강한 간식으로 준비해주세요.

재료 (1인분)

고구마 1개 (220g)
쌀가루 3큰술
우유 2큰술 (30mL)
버터 1큰술 (15g)
올리고당 1큰술
소금 조금
식물성기름 조금

이렇게 만들어요

고구마는 찜통에 쪄서 껍질을 벗긴 뒤 뜨거울 때 곱게 으깬다.

①에 쌀가루, 우유, 버터, 올리고당, 소금을 넣고 잘 섞은 뒤 반죽을 조금씩 떼어 동글납작하게 만든다.

에어프라이어 트레이에 종이 포일을 깔고 식물성기름을 조금 바른 뒤 반죽을 올린다.

에어프라이어를 180℃로 맞춰 15분간 구운 뒤 뒤집어서 5분간 더 굽는다.

아보카도 치킨 텐더 랩

바삭하게 튀긴 치킨 텐더와 아보카도, 토마토가 조화를 이루는 간식이에요. 닭고기의 단백질, 아보카도의 불포화지방산, 토마토의 항산화 성분이 아이의 뇌 발달에 중요한 역할을 해요. 간편하게 손으로 들고 먹을 수 있어 도시락이나 간식으로 활용하면 좋아요.

재료 (1인분)

치킨 텐더

닭안심 2쪽 (60g)

소금 조금

밀가루 1큰술

달걀 1개

빵가루 1/4컵

식물성기름 1/4컵 (50mL)

토마토 1/4개 (40g)

아보카도 1/2개

양상추 1장

토르티야 1장

플레인 요거트 1큰술

이렇게 만들어요

1

양상추는 깨끗이 씻어 채 썰고, 토마토는 꼭지를 도려내고 반달 모양으로 슬라이스한다.

2

아보카도는 반 갈라 씨를 제거하고 껍질을 벗긴 뒤 슬라이스한다.

3

닭안심은 소금으로 밑간한 뒤 밀가루를 묻히고 달걀물에 담갔다가 빵가루를 묻혀 눌러준다.

4

팬에 식물성기름을 두르고 달구어지면 ③의 닭고기를 넣어 튀기듯이 구운 다음 키친타월에 올려 기름을 뺀다.

5

토르티야에 요거트를 바르고 양상추, 구운 닭고기, 토마토, 아보카도를 올린 뒤 돌돌 만다.

치즈 감자채 전

담백한 감자채에 짭짤한 치즈가 녹아 겉은 바삭하고 속은 부드러워요. 감자의 복합 탄수화물은 뇌 활동 에너지를 공급해주고 치즈의 칼슘은 신경 신호 전달을 도와 오후 시간대에 집중이 흐트러지지 않게 해줘요.

재료 (1인분)

감자 2개 (300g)
슈레드 모차렐라 치즈 1/2컵
(50g)
달걀 1개
소금 조금
식물성기름 2큰술

이렇게 만들어요

1 감자는 껍질을 벗기고 곱게 채 썬다.

2 채 썬 감자는 물에 5분간 담갔다가 건져 물기를 뺀다.

3 달걀을 곱게 푼 뒤 감자채, 치즈, 소금을 넣고 섞는다.

4 달군 팬에 식물성기름을 두르고 반죽을 올린 다음 얇게 펴서 앞뒤로 노릇하게 굽는다.

땅콩버터 우유 푸딩

땅콩버터 위에 부드러운 푸딩이 층을 이루어 고소한 맛과 달콤한 맛을 동시에 느낄 수 있는 디저트예요. 땅콩버터에 들어 있는 불포화지방산과 우유, 달걀의 단백질은 두뇌 활동 후 떨어진 에너지를 보충해줘요.

재료 (1인분)

우유 1컵 (200mL)
땅콩버터 2큰술
달걀노른자 1개
꿀 1큰술
판 젤라틴 1장 (2g)

이렇게 만들어요

1

젤라틴은 물에 담가 불리고. 달걀
노른자는 꿀을 넣고 섞어둔다.

2

우유를 약불에서 5분 정도 데운
뒤 ①의 달걀노른자에 조금씩 부
어가며 섞는다.

3

②를 고운 체에 걸러 냄비에 다시
부은 다음, 불려둔 젤라틴을 넣고
약불에서 고루 섞어가며 데운다.

4

푸딩용기에 땅콩버터를 한 큰술
씩 넣고 완성된 푸딩을 부어 냉장
고에서 굳힌다.

카르보나라 떡볶이

치즈와 베이컨의 풍미가 가득한 크림소스 떡볶이예요. 떡의 탄수화물과 소스에 들어간 단백질·지방은 뇌에 필요한 에너지를 빠르게 공급해 기분을 안정시키고 오후의 집중력을 유지할 수 있게 해줘요. 달걀노른자와 파르메산 치즈가루를 섞어 카르보나라의 제맛을 느낄 수 있어요

떡볶이 떡 150g

베이컨 3줄 (30g)

양파 1/4개 (40g)

우유 1컵 (200mL)

달걀노른자 1개

파르메산 치즈가루 1큰술

버터 5g

소금 조금

tip

달걀노른자는 빠르게 섞어야 덩어리지지 않고 부드러운 크림소스가 돼요.

이렇게 만들어요

1

베이컨은 잘게 썰고, 양파는 채 썬다.

2

팬에 버터를 두르고 베이컨을 볶다가 양파를 넣어 함께 볶는다.

3

떡볶이 떡을 넣고 우유를 부은 뒤 중약불에서 떡이 부드러워질 때까지 끓인다. 간은 소금으로 맞춘다.

4

불을 끄고 달걀노른자를 넣어 빠르게 섞은 뒤 파르메산 치즈가루를 뿌린다.

호두 시리얼 바

아이들이 좋아하는 초코볼 시리얼과 고소한 호두, 달콤한 건과일을 꿀로 버무려 굳힌 뒤 한 손에 쥐
고 먹을 수 있게 만든 홈메이드 시리얼 바예요. 호두에 풍부한 오메가-3 지방산과 통곡물의 복합
탄수화물이 두뇌 활동에 도움을 줘요.

재료 (1인분)

호두 1/2컵 (40g)
초코볼 시리얼 1컵 (50g)
건 크랜베리 2큰술 (15g)
건 블루베리 2큰술 (15g)
꿀 2큰술

이렇게 만들어요

1

호두는 기름 두르지 않은 팬에
3~4분간 볶아 비린내를 없앤다.

2

볶은 호두와 시리얼, 크랜베리, 블
루베리를 한데 담고 꿀을 넣어 고
루 섞는다.

3

에어프라이어 트레이에 종이 포
일을 깔고 ②를 고르게 펼친 다음
180℃에서 10~12분간 굽는다.

4

고르게 구워지면 꺼내서 식힌 뒤
먹기 좋은 크기로 자른다.

고등어 강정

뼈를 제거한 순살 고등어를 한입 크기로 자르고 튀겨서 달콤 짭짤한 양념에 버무려 만든 강정이에요. 간식으로도 좋고 밥반찬으로 준비해도 좋아요. 고등어에 풍부한 DHA와 단백질이 두뇌 기능을 유지하는 데 도움을 줘요.

재료 (1인분)

순살 고등어 200g
(작은 것 1마리)

녹말가루 3큰술
올리브유 2큰술

강정 소스

간장 2큰술
토마토케첩 2큰술
올리고당 2큰술
다진 마늘 1작은술
물 2큰술

이렇게 만들어요

1

고등어는 물에 살짝 헹군 뒤 키친
타월로 물기를 닦는다.

2

손질한 고등어는 먹기 좋은 크기
로 잘라 녹말가루를 고루 묻힌다.

3

달군 팬에 올리브유를 두르고 고등
어를 앞뒤로 노릇하게 구운 뒤 키
친타월에 올려 기름을 제거한다.

4

팬에 분량의 강정 소스 재료를 넣
고 바글바글 끓이다가 구운 고등
어를 넣고 버무린다.

아몬드 와플

밀가루 대신 아몬드가루로 만든 건강한 와플이에요. 아몬드에 풍부한 비타민 E와 불포화지방산이 뇌세포를 보호하고 기억력과 집중력 유지에 도움을 줘요. 칼슘과 마그네슘도 풍부해 성장기 어린이의 뼈와 치아를 튼튼하게 만들어줘요.

재료 (1인분)

달걀 1개
아몬드가루 1/2컵
베이킹파우더 1작은술
우유 2큰술
아몬드 5알 (12g)

버터 조금
메이플시럽 조금

이렇게 만들어요

아몬드는 잘게 다진다.

달걀을 곱게 푼 뒤 우유를 넣고 섞는다.

②에 다진 아몬드와 아몬드가루, 베이킹파우더를 넣고 섞어 와플 반죽을 만든다.

와플 팬에 버터를 바르고 반죽을 부어 노릇하게 굽는다. 다 되면 접시에 담고 메이플시럽을 곁들인다.

치아씨드 초코 머핀

초콜릿의 진한 풍미에 은은하게 씹히는 치아씨드의 식감이 어우러진 머핀이에요. 치아씨드와 같은 씨앗류는 오메가-3 지방산과 미네랄, 항산화 영양소가 풍부해 활동량이 많은 아이들에게 좋은 식재료입니다. 치아씨드 대신 아마씨나 다진 견과류를 사용해도 좋아요.

재료 (1인분)

통밀가루 1컵 (120g)
코코아 파우더 3큰술
베이킹파우더 1작은술
치아씨드 2큰술

달걀 1개
버터 40g
우유 1/2컵 (120mL)
꿀 3큰술

이렇게 만들어요

1. 실온에 녹인 버터를 거품기로 저어 크림 상태로 만든다.

2. 달걀을 풀어서 ①에 넣고 우유와 꿀을 넣은 다음 잘 섞는다.

3. ②에 통밀가루와 코코아 파우더, 베이킹파우더, 치아씨드를 넣고 섞는다.

4. 머핀 틀에 반죽을 70% 정도 채운 뒤 170℃로 예열한 오븐에서 20~25분간 굽는다.

돼지고기 된장 꼬치구이

된장의 짭조름하면서도 구수한 풍미가 돼지 목살에 스며들어 깊은 맛과 씹는 만족감이 느껴져요.
돼지고기의 단백질과 지방, 된장의 아미노산이 에너지를 끌어올려요. 고기와 채소를 꼬치에 꽂고
굽는 과정을 아이와 함께 하면 더욱 즐거워요.

재료 (1인분)

돼지고기 목살 200g
대파 2대 (120g)
소금 조금
빨간 파프리카 1/2개 (100g)
식물성기름 조금
꼬치용 나무막대 5~6개

된장 소스
된장 1큰술
간장 1작은술
올리고당 1큰술
다진 마늘 1작은술
참기름 1작은술
물 1큰술

이렇게 만들어요

돼지고기는 한입 크기로 썰어 소금으로 밑간한다.

대파와 파프리카도 한입 크기로 썬다.

돼지고기, 대파, 파프리카를 번갈아 가며 꼬치에 꽂는다.

에어프라이어 트레이에 종이 포일을 깔고 식물성기름을 조금 바른 뒤 꼬치를 올려 180℃에서 12~15분간 뒤집어가며 굽는다.

된장 소스를 만들어 꼬치에 골고루 바르고 1~2분간 더 굽는다.

4

하루를 마무리하는 저녁 밥상

몽골리안 비프

얇게 썬 소고기를 달콤하고 짭조름한 소스로 빠르게 볶아낸 미국식 중국 요리예요. 색다른 소고기 요리를 즐기고 싶을 때 시도해보면 좋아요. 소고기의 단백질과 철분은 하루 동안 사용된 뇌 에너지 회복과 신경전달물질 균형에 도움을 줘요.

재료 (1인분)

소고기 부채살 (저민 것) 200g
소금·후춧가루 조금씩
녹말가루 1작은술

양파 1/2개 (80g)
쪽파 3줄기
다진 마늘 1작은술
식물성기름 1큰술

소스
간장 2큰술
굴소스 1큰술
올리고당 1½큰술
물 2큰술

이렇게 만들어요

1

양파는 채 썰고, 쪽파는 4~5cm 길이로 자른다.

2

소고기는 키친타월로 눌러 핏물을 닦고 소금, 후춧가루로 밑간한 뒤 녹말가루를 고루 묻힌다.

3

팬에 식물성기름을 두르고 고기를 볶다가 채 썬 양파와 다진 마늘을 넣고 좀 더 볶는다.

4

간장, 굴소스, 올리고당, 물을 넣고 불을 줄여 좀 더 조린 뒤 마지막에 쪽파를 넣고 섞는다.

고등어 솥밥

고등어를 살짝 구워 솥에 안치고 밥을 지었어요. 간편하게 솥 하나로 완성할 수 있어 시간 없는 날 활용하기 좋아요. 고등어에 풍부한 DHA와 오메가-3 지방산은 아이들의 뇌 발달에 중요한 역할을 해요. 충분히 섭취하면 기억력, 집중력 향상에 도움을 줄 수 있어요.

재료 (1인분)

쌀 1/2컵 (80g)
물 1/2컵 (100mL)
다시마 5×5cm 1조각

고등어 120g
청주 2작은술
식물성기름 1큰술

간장 양념장

간장 1큰술
물 1큰술
꿀 1작은술
참기름 1/2작은술

쪽파 3줄기

이렇게 만들어요

1

쌀을 씻어서 20분 정도 불린 뒤 체에 밭쳐 물기를 뺀다.

2

쪽파는 송송 썰고, 다시마는 젖은 행주로 흰 가루를 닦아낸다.

3

고등어는 물에 헹구어 물기를 제거 하고 청주를 뿌린 뒤 팬에 식물성 기름을 두르고 굽는다.

4

솥에 쌀과 물을 안치고 다시마를 한 장 올린 뒤 센 불에서 밥을 짓 는다. 끓으면 다시마를 건진다.

5

구운 고등어를 밥 위에 올리고 뚜 껑을 덮은 뒤 불을 약하게 줄여 10분 정도 뜸을 들인다.

6

밥이 다 되면 양념장을 만들어 곁 들인다.

사태 수육과 과일 겉절이

부드럽게 삶은 사태와 상큼한 과일 겉절이가 균형 잡힌 한 상을 이뤄요. 사태의 단백질과 철분, 과일의 비타민과 항산화 성분은 하루 동안 긴장했던 뇌 에너지와 신경 전달 환경을 가라앉혀, 아이의 컨디션이 편안하게 마무리되도록 도와줘요.

수육

소고기 사태 250g
양파 1/4개 (40g)
대파 1대 (60g)
마늘 4쪽 (20g)
생강 1쪽 (6g)
소금 조금

과일 겉절이

사과 1/4개 (50g)
배 1/6개 (60g)
식초 1작은술
설탕 1작은술
참치액 1/2작은술

이렇게 만들어요

양파와 대파, 마늘, 생강은 통으로 준비한다.

소고기는 찬물에 20분 정도 담가 핏물을 뺀다.

냄비에 소고기를 안치고 물을 부은 뒤 대파, 양파, 마늘, 생강, 소금을 넣고 40~50분간 삶는다. 푹 삶아지면 건져서 식혀 얇게 썬다.

사과와 배를 채 썬 뒤 식초, 설탕, 참치액을 넣고 버무려 겉절이를 만든다.

접시에 사태 수육을 가지런히 담고 과일 겉절이를 곁들인다.

관자 시금치 리소토

버터에 살짝 구운 관자의 부드러운 식감이 크리미한 리소토와 잘 어울리는 저녁 메뉴입니다. 관자의 단백질과 아연, 시금치에 풍부한 엽산과 철분은 신경 전달 기능을 향상시켜 집중력 강화에 좋아요.

재료 (1인분)

밥 1공기 (120g)
관자 3~5개 (60g)
시금치 한 줌 (40g)
양파 1/4개 (40g)
버터 5g
다진 마늘 1/4작은술
우유 1컵 (100 mL)
올리브유 1/2큰술
파르메산 치즈가루 1/2컵
소금 조금

이렇게 만들어요

1 관자를 얇게 썬 뒤 팬에 버터를 두르고 소금으로 간해서 굽는다.

2 시금치는 깨끗이 다듬어 씻은 뒤 잘게 다지고, 양파도 잘게 다진다.

3 팬에 기름을 두르고 다진 양파와 다진 마늘을 볶다가 밥과 시금치를 넣고 함께 볶은 뒤 우유를 부어 끓인다.

4 마지막에 파르메산 치즈가루를 넣고 가볍게 섞은 뒤 접시에 담고 구운 관자를 올린다.

데리야키 연어구이와 오이 샐러드

달콤 짭조름한 데리야키 소스로 구워 은은한 풍미가 느껴지는 연어구이예요. 함께 곁들이는 상큼한 오이 샐러드가 맛의 균형을 잡아줘요. 연어의 오메가-3 지방산과 단백질, 오이의 수분과 미네랄이 뇌 발달을 돕고 몸의 리듬을 회복시켜요.

재료 (1인분)

연어 필레 2쪽 (200g)
식물성기름 조금

데리야키 소스
간장 2큰술
청주 2작은술
올리고당 1큰술
물 2큰술

오이 샐러드
오이 1/3개 (60g)
식초 1/2큰술
설탕 1작은술
참기름 조금
소금 조금

이렇게 만들어요

1 연어는 키친타월로 눌러 겉기름을 제거한다.

2 달군 팬에 기름을 조금 두르고 연어를 앞뒤로 노릇하게 굽는다.

3 냄비에 간장, 청주, 올리고당, 물을 넣고 약불에서 끓이다가 구운 연어를 넣고 간이 배게 조린다.

4 오이는 반 갈라 저며썰기 한 뒤 식초, 설탕, 참기름, 소금을 넣어 섞는다.

5 연어를 접시에 담고 샐러드를 곁들인다.

전복 표고버섯 덮밥

전복의 깊은 감칠맛과 표고버섯의 향이 밥에 자연스럽게 스며들어 한 그릇으로도 든든하고 만족스러운 저녁 식사가 돼요. 전복의 타우린과 아연, 표고버섯의 비타민과 식이섬유는 뇌와 몸의 에너지 회복을 도와줘요.

재료 (1인분)

밥 1공기

전복 2개 (120g)
건 표고버섯 2개
청경채 50g

간장 1/2큰술
굴소스 1작은술
참기름 1/2작은술
물 100mL

녹말물
물 100mL
녹말가루 1큰술

이렇게 만들어요

1
전복은 솔로 문질러 씻은 뒤 숟
가락으로 살만 분리해 먹기 좋게
썬다.

2
버섯은 물에 불려서 꼭 짠 뒤 채
썰고, 청경채는 한 잎씩 뜯어 씻
은 뒤 반 자른다.

3
팬에 식물성기름을 두르고 전복,
표고버섯, 청경채, 간장, 굴소스
를 넣고 볶다가 녹말물을 넣고 잘
섞어가며 볶는다.

4
다 되면 불을 끄고 참기름을 넣어
섞은 다음, 따뜻한 밥을 그릇에
퍼 담고 전복표고버섯볶음을 얹
는다.

항정살 콩나물밥

고소하고 부드러운 돼지고기 항정살과 아삭한 콩나물을 함께 올려 지은 밥이에요. 고기, 밥, 채소가 조화를 이루어 간단하면서도 균형 잡힌 저녁 식사가 돼요. 돼지고기의 비타민 B군과 단백질이 뇌 에너지 대사와 긴장 완화에 도움을 줘요.

재료 (1인분)

쌀 1/2컵 (80g)
물 1/2컵 (100mL)
콩나물 2줌 (100g)
돼지고기 항정살 80g
식물성기름 조금
다진 마늘 1작은술
간장 1큰술

간장 양념장

간장 2큰술
참기름 1작은술
송송 썬 실파 조금
통깨 조금

tip

돼지고기 항정살 대신 삼겹살
이나 목살을 이용해도 좋아요.

이렇게 만들어요

1

쌀을 씻어 20분 정도 불린다. 콩
나물은 흐르는 물에 2~3번 씻어
건진다.

2

달군 팬에 기름을 두르고 돼지고
기를 굽다가 겉이 익으면 다진 마
늘과 간장을 넣고 속까지 익도록
좀 더 굽는다.

3

솥에 쌀과 물을 안치고 콩나물과
돼지고기를 얹어 밥을 짓는다. 밥
물이 끓으면 불로 줄여 10분 정도
뜸을 들인다.

4

다 되면 그릇에 퍼 담고 간장 양념
장을 만들어 곁들인다.

닭다리 버터구이

닭다리에 버터 소스를 바르고 여러 가지 채소와 함께 오븐에 구워 영양의 균형이 잘 갖춰진 요리입니다. 닭고기의 풍부한 단백질과 지방은 성장기 뇌 활동에 필요한 영양을 공급하고, 고소한 버터 향과 채소의 색감이 살아 있어 아이들에게 인기가 좋아요.

재료 (1인분)

닭다리 2개 (280g)
방울토마토 6~7개
감자 1개
당근 1/2개
올리브유 1/2큰술
소금 조금

버터 소스

버터 15g
간장 1/2큰술
다진 마늘 1작은술
올리고당 1작은술

이렇게 만들어요

1 방울토마토는 깨끗이 씻고, 감자와 당근은 손질해 방울토마토와 비슷한 크기로 자른다.

2 닭다리에 2~3번 칼집을 넣어 소금으로 밑간한 뒤 올리브유를 골고루 바른다.

3 에어프라이어 180℃에서 12분간 굽고 뒤집어서 다시 12분간 굽는다.

4 버터를 완전히 녹인 뒤 다진 마늘, 간장, 올리고당을 섞어 버터 소스를 만든다.

5 닭고기에 버터 소스를 골고루 바른 뒤 에어프라이어 180℃에서 껍질이 노릇해질 때까지 5분간 굽는다.

삼치 무조림

오메가-3 지방산이 풍부한 삼치를 무와 함께 간장 양념으로 조렸어요. 삼치의 오메가-3 지방산과 단백질이 뇌를 안정시키고, 무에 풍부한 소화 효소와 식이섬유가 저녁 시간 편안한 휴식을 취할 수 있도록 도와줘요. 삼치 대신 고등어를 이용해도 좋아요.

재료 (1인분)

삼치 2토막 (200g)
무 150g
대파 1대 (60g)
청주 2작은술

간장 양념
간장 2큰술
올리고당 1큰술
물 1컵 (200mL)

tip

청주는 가열하면 알코올 성
분이 모두 날아가지만 걱정
이 된다면 청주 대신 생강즙
이나 우유, 쌀뜨물을 이용해
도 좋아요.

이렇게 만들어요

1
무와 양파는 껍질 벗겨 씻은 뒤 무
는 1cm 두께로 썰고 양파는 채
썬다.

2
삼치는 물에 살짝 헹군 뒤 키친타
월로 눌러 물기를 닦는다.

3
삼치에 청주를 골고루 뿌린다.

4
냄비에 무와 양파를 깔고 삼치를
올린 뒤 간장 양념을 넣어 8~10분
간 조린다.

5
국물이 끓으면 위아래를 조심스
럽게 뒤집어준 뒤 중약불로 줄여
좀 더 조린다.

소고기 안심 스테이크와 아스파라거스 피클

부드럽고 육즙 가득한 소고기 안심 스테이크와 새콤달콤 입맛을 돋우는 아스파라거스 피클이 조화를 이루어 특별한 날 저녁 식사로 함께하기 좋아요. 소고기 안심의 단백질과 철분, 아스파라거스의 엽산과 미네랄이 집중력과 사고력을 탄탄하게 채워줘요.

재료 (1인분)

소고기 안심 180g
올리브유 1큰술
버터 5g
소금 조금

발사믹 소스
발사믹 식초 2큰술
올리고당 1큰술
물 2큰술

아스파라거스 피클
베이비 아스파라거스 3~4개
(60g)
식초 1큰술
레몬즙 1큰술
올리고당 1큰술
소금 1작은술

tip
미니 아스파라거스가 아닌 큰 아스파라거스는 밑동을 꺾어 껍질을 벗기거나 필러로 겉을 얇게 깎아내고 사용하세요.

이렇게 만들어요

소고기는 키친타월로 눌러 핏물을 제거한 뒤 소금으로 밑간한다.

아스파라거스는 밑동을 자른 뒤 적당한 크기로 자른다.

식초, 레몬즙, 올리고당, 소금을 잘 섞어 피클 소스를 만든 뒤 아스파라거스에 붓는다.

달군 팬에 올리브유를 두르고 소고기를 굽는다. 겉이 익으면 중약불로 낮추고 버터를 녹여 고기에 끼얹어가며 익힌 뒤 접시에 담는다.

팬에 발사믹 식초, 올리고당, 물을 분량대로 넣고 조려 소스를 만든 다음 스테이크에 끼얹고 아스파라거스 피클을 곁들인다.

새우 라이스 그라탱

탱글탱글한 새우와 밥에 고소한 크림소스와 치즈를 듬뿍 끼얹어 오븐에서 구운 그라탱이에요. 새우의 단백질과 아연이 하루 동안 소모된 뇌 에너지를 차분히 채워줘요.

재료 (1인분)

밥 한 공기 (120g)

냉동 새우 8~10마리 (120g)

양파 1/4개 (40g)

소금 조금

버터 5g

밀가루 1큰술

우유 3/4컵 (150mL)

슈레드 모차렐라 치즈 1/2컵
(50g)

tip

오븐 대신 에어프라이어나 전
자레인지를 이용해 치즈를 녹
여도 좋아요.

이렇게 만들어요

1 새우는 상온에 녹여서 물에 헹궈
건지고, 양파는 잘게 다진다.

2 팬에 버터를 녹인 뒤 양파를 넣고
볶다가 약불로 줄여서 밀가루, 우
유를 넣고 저어가면서 끓인다.

3 ②에 밥과 새우, 소금을 넣고 잘
섞는다.

4 그라탱 용기에 새우 섞은 밥을 담
고 치즈를 뿌린 뒤 180℃ 오븐에
서 치즈가 노릇해질 때까지 3~5분
간 굽는다.

흰살생선 커틀릿과 양배추 샐러드

겉은 바삭바삭, 속은 촉촉하고 담백한 흰살생선으로 만든 커틀릿이에요. 곁들이는 양배추 샐러드의 아삭하고 고소한 맛은 생선 커틀릿과 균형을 이뤄요. 흰살생선의 단백질은 체력 회복을 돕고 양배추의 식이섬유와 비타민이 소화를 도와줘요.

재료 (1인분)

흰살생선 필레 3쪽 (240g)
달걀 1개
밀가루 1/3컵
빵가루 1/2컵
식물성기름 1/2컵 (100mL)
소금 조금

양배추 샐러드
양배추 40g
마요네즈 2큰술
간장 1/2작은술
올리고당 1작은술
깨소금 2작은술

이렇게 만들어요

흰살생선은 키친타월로 눌러 물기를 제거하고, 소금으로 밑간한다.

양배추는 깨끗이 씻어 채 썬다.

소스 재료를 분량대로 섞은 뒤 채 썬 양배추를 넣고 버무려 샐러드를 만든다.

달걀을 풀어 달걀물을 만든 뒤, 밑간한 흰살생선에 밀가루, 달걀물, 빵가루를 묻힌다.

팬에 식물성기름을 넉넉히 두르고 튀김옷 입힌 생선을 굽는다. 바삭하게 익으면 접시에 담고 양배추 샐러드를 곁들인다.

불고기 전골

얇게 썬 소고기를 채소, 당면과 함께 끓여낸 전골이에요. 고기와 채소의 맛이 자작한 국물에 부드럽게 섞이고, 당면을 건져 먹는 재미도 있어요. 소고기의 단백질과 철분, 국물에 녹아든 채소의 미네랄이 체력과 에너지를 고르게 보완해줘요.

재료 (1인분)

소고기(불고깃감) 200g
대파 1/2대 (30g)
양파 1/2개 (80g)
당근 1/4개 (30g)
느타리버섯 1/2봉 (100g)
불린 당면 1줌 (60g)
다시마 육수 3컵 (600mL)
소금 조금

불고기 양념
간장 2큰술
설탕 1큰술
다진 마늘 1작은술
참기름 1큰술
소금·후춧가루 조금

이렇게 만들어요

1. 소고기는 키친타월로 눌러 핏물을 뺀 뒤 양념 재료를 모두 넣고 버무려 10분간 재운다.

2. 대파는 어슷 썰고, 양파와 당근은 채 썬다. 느타리버섯은 밑동을 제거하고 적당한 크기로 찢는다.

3. 당면은 미지근한 물에 불린다.

4. 전골냄비에 양념한 불고기와 채소를 가지런히 담고 다시마 육수을 부어 끓인다. 팔팔 끓으면 중불로 줄이고 소금으로 간을 맞춘다.

베이비 폭립과 웨지 감자

폭립 소스 등갈비 구이에 웨지 감자를 곁들여 패밀리 레스토랑처럼 즐길 수 있어요. 부드럽게 익힌 등갈비는 살이 쉽게 발라져 손으로 잡고 뜯어먹는 재미까지 있어요. 돼지고기는 단백질과 철분, 비타민 B군이 풍부해 피로 해소에 도움이 돼요.

재료 (1인분)

돼지 등갈비 250g
대파 1/2대 (30g)
마늘 3쪽
생강 1쪽 (3g)

폭립 소스
간장 3큰술
토마토케첩 3큰술
올리고당 3큰술
다진 마늘 1큰술
식초 1작은술

웨지 감자
감자 1/2개 (75g)
올리브유 조금
소금 조금

이렇게 만들어요

1

돼지 등갈비는 찬물에 30분~1시간 정도 담가 핏물을 뺀다.

2

냄비에 돼지고기, 대파, 마늘, 생강을 넣고 물을 부어 30분 정도 푹 삶는다.

3

등갈비에 폭립 소스를 앞뒤로 발라 에어프라이어 200℃에서 7분간 굽고 뒤집어서 3분간 더 굽는다.

4

감자는 껍질째 깨끗이 씻어 웨지 모양으로 썬다.

5

웨지 감자를 올리브유, 소금으로 버무린다.

6

에어프라이어 190℃에서 10분간 앞뒤로 구운 뒤 베이비 폭립과 함께 접시에 담는다.

양고기 찹스테이크

팬 하나로 간단하게 만들 수 있는 별식이에요. 바쁜 날에 준비하기도 좋고, 고기와 채소가 어우러져 맛과 영양의 균형이 잘 잡혀 있어요. 양고기는 다른 육류에 비해 헴철 형태의 철분이 풍부해 두뇌의 에너지 공급에 도움을 줘요.

재료 (1인분)

양고기 갈빗살 180g
양파 1/2개 (80g)
파프리카 1/2개 (100g)
소금 조금
식물성기름 1큰술

간장 2큰술
토마토케첩 2큰술
우스터소스 1큰술
올리고당 1큰술

이렇게 만들어요

양파는 껍질을 벗겨 씻은 뒤 한입 크기로 썰고, 파프리카는 꼭지와 씨를 제거하고 한입 크기로 썬다.

양고기는 키친타월로 눌러 핏물을 제거한 뒤 한입 크기로 썰어 소금으로 밑간한다.

팬에 식물성기름을 두르고 양고기를 넣어 굽는다.

고기가 반쯤 익으면 채소를 넣고 간장, 케첩, 우스터소스, 올리고당을 넣어 잘 섞어가며 좀 더 볶는다.

요리

대한민국 대표 요리선생님에게 배우는 요리 기본기
한복선의 요리 백과 338
칼 다루기부터 썰기, 계량하기, 재료를 손질·보관하는 요령까지 요리의 기본을 확실히 잡아주고 국·찌개·구이·조림·나물 등 다양한 조리법으로 맛 내는 비법을 알려준다. 매일 반찬 부터 별식까지 웬만한 요리는 다 들어있어 맛있는 집밥을 즐길 수 있다.

한복선 지음 | 352쪽 | 188×254mm | 22,000원

영양학 전문가가 제안하는 슬로에이징 식단
저속노화 레시피
먹는 즐거움을 잃지 않으면서 건강 수명을 늘리고 싶은 사람들에게 꼭 필요한 실전 건강서. 저속노화의 개념과 원리, 그리고 왜 식습관이 노화를 결정짓는 핵심인지 설명하고, 실제로 저속노화를 실천할 수 있는 72가지 레시피를 담았다.

어메이징푸드 지음 | 216쪽 | 188×245mm | 18,000원

팔도 전통음식과 명절음식, 계절의 별미를 담다
한복선의 한식 대백과
따뜻한 밥상에 담긴 정성과 한국 음식의 문화적 가치를 되살리는 우리 음식 교과서. 국과 찌개, 나물과 반찬 등 일상의 음식부터 궁중의 격조 있는 요리, 팔도의 향토음식, 명절과 절기음식, 사계절 김치와 장아찌, 떡과 한과·전통 음료까지 300여 가지 조리법을 담아냈다.

한복선 지음 | 344쪽 | 188×245mm | 25,000원

영양학 전문가가 알려주는 저염·저칼륨 식사법
콩팥병을 이기는 매일 밥상
콩팥병은 한번 시작되면 점점 나빠지는 특징이 있어 무엇보다 식사 관리가 중요하다. 영양학 박사와 임상영양사들이 저염식을 기본으로 단백질, 인, 칼륨 등을 줄인 콩팥병 맞춤 요리를 준비했다. 간편하고 맛도 좋아 환자와 가족 모두 걱정 없이 즐길 수 있다.

어메이징푸드 지음 | 248쪽 | 188×245mm | 18,000원

맛있는 밥을 간편하게 즐기고 싶다면
뚝딱 한 그릇, 밥
덮밥, 볶음밥, 비빔밥, 솥밥 등 별다른 반찬 없이도 맛있게 먹을 수 있는 한 그릇 밥 76가지를 소개한다. 한식부터 외국 음식까지 메뉴가 풍성해 혼밥으로 별식으로, 도시락으로 다양하게 즐길 수 있다. 레시피가 쉽고, 밥 짓기 등 기본 조리법과 알찬 정보도 가득하다.

장연정 지음 | 216쪽 | 188×245mm | 16,800원

치료 효과 높이고 재발 막는 항암요리
암을 이기는 최고의 식사법
암 환자들의 치료 효과를 높이고 재발을 막는 데 도움이 되는 음식을 소개한다. 항암치료 시 나타나는 증상별 치료식과 치료를 마치고 건강을 관리하는 일상 관리식으로 나눠 담았다. 항암 식생활, 항암 식단에 대한 궁금증 등 암에 관한 정보도 꼼꼼하게 알려준다.

어메이징푸드 지음 | 280쪽 | 188×245mm | 18,000원

입맛 없을 때, 간단하고 맛있는 한 끼
뚝딱 한 그릇, 국수
비빔국수, 국물국수, 볶음국수 등 입맛 살리는 국수 63가지를 담았다. 김치비빔국수, 칼국수 등 누구나 좋아하는 우리 국수부터 파스타, 미고렝 등 색다른 외국 국수까지 메뉴가 다양하다. 국수 삶기, 국물 내기 등 기본 조리법과 함께 먹으면 맛있는 밑반찬도 알려준다.

장연정 지음 | 200쪽 | 188×245mm | 16,800원

영양학 전문가의 맞춤 당뇨식
최고의 당뇨 밥상
영양학 전문가들이 상담을 통해 쌓은 데이터를 기반으로 당뇨 환자들이 가장 맛있게 먹으며 당뇨 관리에 성공한 메뉴를 추렸다. 한 상 차림부터 한 그릇 요리, 브런치, 샐러드와 당뇨 맞춤 음료, 도시락 등으로 구성해 매일 활용할 수 있으며, 조리법도 간단하다.

어메이징푸드 지음 | 256쪽 | 188×245mm | 16,000원

건강을 담은 한 그릇
맛있다, 죽
맛있고 먹기 좋은 죽을 아침 죽, 영양죽, 다이어트 죽, 보양죽으로 나눠 소개한다. 만들기 쉬울 뿐 아니라 종류가 다양하고 재료의 영양과 효능까지 알려줘 건강관리에 도움이 된다. 스트레스에 시달리는 현대인의 식사로, 건강식으로 준비하면 좋다.

한복선 지음 | 176쪽 | 188×245mm | 16,000원

하루 한 그릇 면역 습관
암도 이기는 장수 수프
1천 명의 암 환자를 치료한 명의가 다년간의 연구를 바탕으로 만든 항암 식사 가이드로, 항암 식품 10가지와 이를 활용한 100개의 수프 레시피와 비법을 담았다. 암 예방은 물론, 질병 예방과 건강한 장수까지 지킬 수 있는 최고의 선택이 될 것이다.

사토 노리히로 지음 | 168쪽 | 150×205mm | 18,000원

기초부터 응용까지 베이킹의 모든 것
브레드 마스터 클래스
국내 최고 발효 빵 전문가이자 20년 동안 베이커의 길을 걸어온 저자의 모든 베이킹 노하우를 한 권에 담았다. 베이킹 이론과 레시피를 단계적이고 체계적으로 알려주는 원앤온리 클래스로, 건강 빵부터 인기 빵까지 40개의 레시피가 수록되어 있다.

고상진 지음 | 256쪽 | 188×245mm | 22,000원

혼술·홈파티를 위한 칵테일 레시피 85
칵테일 앳 홈
인기 유튜버 리니비니가 요즘 바에서 가장 인기 있고, 유튜브에서 많은 호응을 얻은 칵테일 85가지를 소개한다. 모든 레시피에 맛과 도수를 표시하고 베이스 술과 도구, 사용법까지 꼼꼼하게 담아 칵테일 초보자도 실패 없이 맛있는 칵테일을 만들 수 있다.

리니비니 지음 | 208쪽 | 146×205mm | 18,000원

볼 하나로 간단히, 치대지 않고 쉽게
무반죽 원 볼 베이킹
누구나 쉽게 맛있고 건강한 빵을 만들 수 있도록 돕는 책. 61가지 무반죽 레시피와 전문가의 Tip을 담았다. 이제 힘든 반죽 과정 없이 볼과 주걱만 있어도 집에서 간편하게 빵을 구울 수 있다. 초보자에게도, 바쁜 사람에게도 안성맞춤이다.

고상진 지음 | 248쪽 | 188×245mm | 20,000원

술자리를 빛내주는 센스 만점 레시피
술에는 안주
술맛과 분위기를 최고로 끌어주는 64가지 안주를 술자리 상황별로 소개했다. 누구나 좋아하는 인기 술안주, 부담 없이 즐기기에 좋은 가벼운 안주, 식사를 겸할 수 있는 든든한 안주, 홈파티 분위기를 살려주는 품나는 안주, 굽기만 하면 되는 초간단 안주 등 5개 파트로 나누었다.

장연정 지음 | 152쪽 | 151×205mm | 13,000원

천연 효모가 살아있는 건강빵
천연발효빵
맛있고 몸에 좋은 천연발효빵을 소개한 책. 홈 베이킹을 넘어 건강한 빵을 찾는 웰빙족을 위해 과일, 채소, 곡물 등으로 만드는 천연발효종 20가지와 천연발효종으로 굽는 건강빵 레시피 62가지를 담았다. 천연발효빵 만드는 과정이 한눈에 들어오도록 구성되었다.

고상진 지음 | 328쪽 | 188×245mm | 19,800원

건강한 약차, 향긋한 꽃차
오늘도 차를 마십니다
맛있고 향긋하고 몸에 좋은 약차와 꽃차 60가지를 소개한다. 각 차마다 효능과 마시는 방법을 알려줘 자신에게 맞는 차를 골라 마실 수 있다. 차를 더 효과적으로 마실 수 있는 기본 정보와 다양한 팁도 담아 누구나 향기롭고 건강한 차 생활을 즐길 수 있다.

김달래 감수 | 200쪽 | 188×245mm | 15,000원

정말 쉽고 맛있는 베이킹 레시피 54
나의 첫 베이킹 수업
기본 빵부터 쿠키, 케이크까지 초보자를 위한 베이킹 레시피 54가지. 바삭한 쿠키와 담백한 스콘, 다양한 머핀과 파운드케이크, 품나는 케이크와 타르트, 누구나 좋아하는 인기 빵까지 모두 담겨 있다. 베이킹을 처음 시작하는 사람에게 안성맞춤이다.

고상진 지음 | 216쪽 | 188×245mm | 16,800원

오늘부터 샐러드로 가볍고 산뜻하게
오늘의 샐러드
한 끼 식사로 손색없는 샐러드를 더욱 알차게 즐기는 방법을 소개한다. 과일채소, 곡물, 해산물, 육류 샐러드로 구성해 맛과 영양을 다 잡은 맛있는 샐러드를 집에서도 쉽게 먹을 수 있다. 45가지 샐러드에 어울리는 다양한 드레싱을 소개하고, 12가지 기본 드레싱을 꼼꼼히 알려준다.

박선영 지음 | 128쪽 | 150×205mm | 10,000원

커피, 달걀, 우유 없이도 이렇게 맛있다고?
비건 디저트
건강 때문에 달콤한 디저트를 포기했던 사람들을 위해 안전하게 즐길 수 있는 디저트 레시피를 소개한다. 재료만 섞어서 금방 만드는 머핀과 쿠키, 오븐에 굽지 않아도 되는 오트밀 그래놀라 바, 브라우니까지 알차고 다양하게 구성했다.

시라이 유키 지음 | 안지홍 옮김 | 144쪽
188×230mm | 18,000원

집에서 손쉽게 만드는 이탈리안 가정식
오늘의 파스타
레스토랑에서 인기 있는 메뉴를 손쉽게 만들 수 있도록 비장의 레시피를 공개한다. 식탁을 다채롭게 차릴 수 있고, 지역별 파스타를 접하며 여행하는 기분도 느낄 수 있다. 이탈리아 요리를 처음 대하는 사람도 쉽게 다가갈 수 있는 기본 파스타부터 고급 요리까지 46개의 레시피를 담았다.

최승주 지음 | 128쪽 | 150×205mm | 12,000원

임신출산 | 자녀교육

산부인과 의사가 들려주는 임신 출산 육아의 모든 것
똑똑하고 건강한 첫 임신 출산 육아
임신 전 계획부터 산후조리까지 현대의 임신부를 위한 똑똑한 임신 출산 육아 교과서. 20년 산부인과 전문의가 임신부들이 가장 궁금해하는 것과 꼭 알아야 것들을 알려준다. 계획 임신, 개월 수에 따른 엄마와 태아의 변화, 안전한 출산을 위한 준비 등을 꼼꼼하게 짚어준다.

김건오 지음 | 408쪽 | 190×250mm | 20,000원

인간관계 스트레스 속에서 나를 지키는 방법
세상의 모든 소심이들을 위한 멘탈 코칭
오늘도 사람 때문에 마음이 흔들리는 이들을 위한 현실적인 멘탈 가이드. 인간관계 속에서 상처받기 쉬운 '소심이'들이 스스로를 지키는 방법을 알려준다. 정신과 의사 유튜버 '멘탈 닥터'가 제안하는 70가지 생각 전환 훈련을 통해 유리처럼 깨지기 쉬운 멘탈을 단단하게 세워보자.

멘탈 닥터 시도 지음 | 216쪽 | 146×205mm | 16,800원

세상에서 가장 아름다운 태교 동화
하루 10분, 아가랑 소곤소곤
독서교육 전문가가 30여 년 동안 읽은 수천 권의 책 중에서 가장 아름다운 이야기 30여 편을 골라 모았다. 마음이 따뜻해지는 이야기, 재치 있고 삶의 지혜가 담긴 이야기, 가족 사랑과 인간애를 느낄 수 있는 이야기들이 가득하다. 태교를 이한 갖가지 정보도 알차게 담겨 있다.

박한나 지음 | 208쪽 | 174×220mm | 19,800원

아트 스토리텔러와 함께하는 예술 인문학 산책
그림이 말을 걸 때
이 책은 그림을 통해 나를 돌아보고 삶의 속도를 조절하게 해주는 안내서다. 예술 교육 콘텐츠 기획자이자 아트 스토리텔러로 활동해 온 이수정 작가는 그림을 통해 인간의 내면과 시대의 감정을 섬세하게 읽어내며, 예술이 삶에 스며드는 순간들을 따뜻하게 전한다.

이수정 지음 | 336쪽 | 150×210mm | 19,800원

말 안 듣는 아들, 속 터지는 엄마
아들 키우기, 왜 이렇게 힘들까
20만 명이 넘는 엄마가 선택한 아들 키우기의 노하우. 엄마는 이해할 수 없는 남자아이의 특징부터 소리치지 않고 행동을 변화시키는 아들 맞춤 육아법까지. 오늘도 아들 육아에 지친 엄마들에게 '슈퍼 보육교사'로 소문난 자녀교육 전문가가 명쾌한 해답을 제시한다.

하라사카 이치로 지음 | 192쪽 | 143×205mm | 13,000원

20년 차 헐랭이 농부의 시골 정착기
시골에 살길 잘했다
도시 생활에 지친 현대인들에게 힐링이 되는 그림 에세이. 농사는 못 지어도 시골살이의 낭만은 알차게 수확하는 헐랭이 농부의 시골 정착기가 아름다운 그림과 재치 있는 글로 펼쳐진다. 시골에서 비로소 삶의 여유와 행복을 찾았다는 저자의 이야기가 많은 공감을 준다.

김주형 지음 | 240쪽 | 130×200mm | 16,800원

아이는 엄마의 감정을 먹고 자란다
내 아이를 위한 엄마의 감정 공부
엄마의 감정 육아는 아이의 정서에 나쁜 영향을 미친다. 엄마들을 위한 8일간의 감정 공부 프로그램을 그대로 책에 담았다. 감정을 정리하고 자녀와 좀 더 가까워지는 방법을 안내한다. 사례가 풍부하고 워크지도 있어 책을 읽으면서 바로 활용할 수 있다.

양선아 지음 | 272쪽 | 152×223mm | 15,000원

소소하지만 의미 있게, 외롭지 않고 담담하게
오늘은 이렇게 보냈습니다
〈카모메 식당〉의 저자 무레 요코가 들려주는 '컬러풀한 일상을 만들어가기 위한 삶의 힌트'. 평소 '물건 줄이기', '불필요한 것 하지 않기'를 실천하는 그녀가 요즘 하고 있는 것들, 먹고 읽고 보고 느낀 것들을 공개한다.

무레 요코 지음 | 손민수 옮김 | 224쪽 | 130×200mm
16,800원

독서와 질문으로 생각하는 힘 키우기
하브루타 창의력 수업
교육 1번지 대치도서관 관장이 경험을 바탕으로 유대인의 교육법인 하브루타와 독서를 접목한 '하브루타 독서법'을 소개한다. 함께 책을 읽고 질문하고 토론함으로써 아이의 사고력과 창의력을 키우는 기적의 독서법이다. 가정에서 진행할 수 있도록 상세한 방법과 사례를 담았다.

유순덕 지음 | 216쪽 | 152×223mm | 13,000원

성인 자녀와 부모의 단절 원인과 갈등 회복 방법
자녀는 왜 부모를 거부하는가
최근 부모 자식 간 관계 단절 현상이 늘고 있다. 심리학자인 저자가 자신의 경험과 상담 사례를 바탕으로 그 원인을 찾고 해답을 제시한다. 성인이 되어 부모와 인연을 끊는 자녀들의 심리와, 그로 인해 고통받는 부모에 대한 위로, 부모와 자녀 간의 화해 방법이 담겨있다.

조슈아 콜먼 지음 | 정보경 옮김 | 328쪽 | 152×223mm
16,000원

건강 | 다이어트

한의사 트레이너가 알려주는 통증 제로 솔루션
하루 10분 속근육 운동법
한의사이자 헬스 트레이닝인 저자가 한의학적 통증 관리와 운동 생리학을 결합해 통증의 뿌리를 바로잡는 3단계 속근육 운동법을 제시한다. 마사지로 풀고, 스트레칭으로 늘리고, 운동으로 강화하는 하루 10분 루틴으로 통증 완화와 체형 교정 효과를 확실히 얻을 수 있다.

이용현 지음 | 168쪽 | 188×235mm | 17,500원

반듯하고 꼿꼿한 몸매를 유지하는 비결
등 한번 쫙 펴고 삽시다
최신 해부학에 근거해 바른 자세를 만들어주는 간단한 체조법과 스트레칭 방법을 소개한다. 누구나 쉽게 따라 할 수 있고 꾸준히 실천할 수 있는 1분 프로그램으로 구성되었다. 수많은 환자들을 완치시킨 비법 운동으로, 1주일 만에 개선 효과를 확인할 수 있다.

타카히라 나오노부 지음 | 168쪽 | 152×223mm | 16,800원

아침 5분, 저녁 10분
스트레칭이면 충분하다
몸은 튼튼하게 몸매는 탄력 있게! 아침 5분, 저녁 10분이라도 꾸준히 스트레칭하면 하루하루가 몰라보게 달라질 것이다. 아침저녁 동작은 5분을 기본으로 구성하고 좀 더 체계적인 스트레칭 동작을 위해 10분, 20분 과정도 소개했다.

박서희 지음 | 152쪽 | 188×245mm | 13,000원

라인 살리고, 근력과 유연성 기르는 최고의 전신 운동
필라테스 홈트
필라테스는 자세 교정과 다이어트 효과가 매우 큰 신체 단련 운동이다. 이 책은 전문 스튜디오에 나가지 않고도 집에서 얼마든지 필라테스를 쉽게 배울 수 있는 방법을 알려준다. 난이도에 따라 15분, 30분, 50분 프로그램으로 구성해 누구나 부담 없이 시작할 수 있다.

박서희 지음 | 128쪽 | 215×290mm | 10,000원

남자들을 위한 최고의 퍼스널 트레이닝
1일 20분 셀프PT
혼자서도 쉽고 빠르게 원하는 몸을 만들도록 돕는 PT 가이드북. 내추럴 보디빌딩 국가대표가 기본 동작부터 잘못된 자세까지 차근차근 알려준다. 오늘부터 하루 20분 셀프PT로 남자라면 누구나 갖고 싶어하는 역삼각형 어깨, 탄탄한 가슴, 식스팩, 강한 하체를 만들어보자.

이용현 지음 | 192쪽 | 188×230mm | 14,000원

취미 | 인테리어

내 집은 내가 고친다
집수리 닥터 강쌤의 셀프 집수리
집 안 곳곳에서 생기는 문제들을 출장 수리 없이 내 손으로 고칠 수 있게 도와주는 책. 집수리 전문가이자 인기 유튜버인 저자가 25년 경력을 통해 얻은 노하우를 알려준다. 전 과정을 사진과 함께 자세히 설명하고, QR코드를 수록해 동영상도 볼 수 있다.

강태운 지음 | 272쪽 | 190×260mm | 22,000원

우리 집을 넓고 예쁘게 꾸미는 아이디어
공간 디자인의 기술
집 안을 예쁘고 효율적으로 꾸미는 방법을 인테리어의 핵심인 배치, 수납, 장식으로 나눠 알려준다. 포인트를 콕콕 짚어주고 알기 쉬운 그림을 곁들여 한눈에 이해할 수 있다. 결혼이나 이사를 하는 사람을 위해 집 구하기와 가구 고르기에 대한 정보도 자세히 담았다.

가와카미 유키 지음 | 240쪽 | 152×220mm | 16,800원

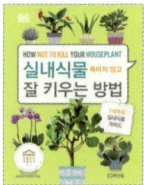

119가지 실내식물 가이드
실내식물 죽이지 않고 잘 키우는 방법
반려식물로 삼기 적합한 119가지 실내식물의 특징과 환경, 적절한 관리 방법을 알려주는 가이드북. 식물에 대한 정보를 위치, 빛, 물과 영양, 돌보기로 나누어 보다 자세하게 설명한다. 식물을 키우며 겪을 수 있는 여러 문제에 대한 해결책도 제시한다.

베로니카 피어리스 지음 | 144쪽 | 150×195mm | 16,000원

화분에 쉽게 키우는 28가지 인기 채소
우리 집 미니 채소밭
화분 둘 곳만 있다면 집에서 간단히 채소를 키울 수 있다. 이 책은 화분 재배 방법을 기초부터 꼼꼼하게 가르쳐준다. 화분 준비부터 키우는 방법, 병충해 대책까지 쉽고 자세하게 설명하고, 수확량을 늘리는 비결에 대해서도 친절하게 알려준다.

후지타 사토시 지음 | 96쪽 | 190×260mm | 13,000원

착한 성분, 예쁜 디자인
나만의 핸드메이드 천연비누
예쁘고 건강한 천연비누를 만들 수 있도록 돕는 레시피북. 천연비누부터 배스밤, 버블바, 배스 솔트까지 39가지 레시피를 한 권에 담았다. 비누 만드는 데 알아야 할 정보를 친절하게 설명했다.

오혜리 지음 | 248쪽 | 190×245mm | 18,000원

아이의 두뇌는 식탁에서 완성된다

우리 아이
두뇌를 키우는
브레인 푸드 레시피

지은이 | 홍수경

요리 자문 · 스타일링 | 이지은
사진 | 최해성

편집 | 김민정 이희진
디자인 | 한송이
마케팅 | 신용천 추미경 안효원

인쇄 | 금강인쇄

초판 인쇄 | 2026년 3월 20일
초판 발행 | 2026년 3월 24일

펴낸이 | 이진희
펴낸곳 | (주)리스컴

주소 | 서울시 강남구 테헤란로87길 22, 7층(삼성동, 한국도심공항)
전화번호 | 대표번호 02-540-5192
　　　　　　 편집부 02-544-5194
FAX | 0504-479-4222
등록번호 | 제2-3348

ISBN 979-11-5616-797-6 13590
책값은 뒤표지에 있습니다.